U0636498

在美学上凸显特色
——园林景观设计与意境赏析

黄 维 著

NORTHEAST NORMAL UNIVERSITY PRESS
WWW.NENUP.COM

东北师范大学出版社

图书在版编目（CIP）数据

在美学上凸显特色 ： 园林景观设计与意境赏析 ／ 黄
维著． -- 长春 ： 东北师范大学出版社， 2019.4
ISBN 978-7-5681-5703-2

Ⅰ．①在… Ⅱ．①黄… Ⅲ．①园林设计－景观设计
Ⅳ．① TU986.2

中国版本图书馆 CIP 数据核字 (2019) 第 073807 号

□ 策划编辑: 刘子齐

□ 责任编辑: 卢永康　　　　□ 封面设计: 优盛文化

□ 责任校对: 肖茜茜　　　　□ 责任印制: 张允豪

东北师范大学出版社出版发行
长春市净月经济开发区金宝街 118 号 (邮政编码: 130117)
销售热线: 0431-84568036
传真: 0431-84568036
网址: http://www.nenup.com
电子函件: sdcbs@mail.jl.cn
定州启航印刷有限公司印装
2019 年 5 月第 1 版　　2019 年 5 月第 1 次印刷
幅画尺寸: 170mm×240mm　印张: 15.25　字数: 280 千

定价: 69.00 元

前　言

随着时代的发展，丰富多彩的视觉艺术不断冲击着人们的视觉感知能力，人类审美观的不断提升使视觉艺术得以快速发展。在园林景观的发展过程中，无论时代如何变迁，园林都能使美学和视觉艺术很好地联系起来。中国古典园林是我国园林史上具有高度艺术成就和独特风格的园林艺术体系，凝聚了传统文化的精粹和社会审美意识的精华，它运用叠石、造山、理水、植木、营亭、筑桥和陈设家具等方式组成各类景观，以有限的面积，创造无限的意境，与自然美、建筑美、绘画美融为一体。古人运用自己的审美意识来组景，使方寸天地再现自然山水之美，处处蕴含优美的诗情画意，带给人们"天人合一"的视觉效果。现代园林景观面向的是城市环境，是与整个城市规划相关联的，是人与自然多样化的联系。不同的园林景观带给人们不一样的美感，不仅是视觉上的，还有心灵上的。

本书结合古今中外园林景观的发展脉络，分析国内外园林景观的异同。同时，研究现代园林景观设计的流程、布局现状、生态发展以及地域园林景观设计的发展、植物景观的设计。最后，列举多个著名的古今园林景观案例，承前启后总述全书。

由于编者水平有限，加上时间仓促，书中难免有一些不足之处，欢迎同行和读者批评指正。

目 录

第一章　绪论

园林景观具有丰富的内涵及社会价值，它不是单纯的观赏品。例如，园林中的植物对环境有一定的净化作用；园林中可以举办各种丰富多彩的文化活动。本章初步研究现代园林景观的发展、设计目的、设计意义，通过对比展示中外园林景观设计的不同风格。

第一节　园林景观概述

一、园林的概念

（一）什么是园林

园林是指在一定的地域，运用工程技术和艺术手段，通过改造地形、种植树木花草、营造建筑和布置园路等途径创作而成的具有美感的自然环境和游憩境域。

中国园林是由建筑、山水、花木等组合而形成的综合艺术品，富有诗情画意。叠山理水要创造出"虽由人作，宛自天开"的境界，如图 1-1 所示为苏州园林。

图 1-1　苏州园林一景

园林是由地形地貌与水体、建筑构筑物和道路、植物和动物等素材，根据功能要求、经济技术条件和艺术布局等方面综合而成的统一体。这个定义全面详尽地提出了园林的构成要素，也道出了包括中国园林在内的世界园林的构成要素。

园林是在一个地段范围内，按照富有诗情画意的主题思想精雕细刻地塑造地表（包括堆土山、叠石、理水竖向设计）、配置花木、经营建筑、点缀驯兽（鱼、鸟、昆虫之类），从而创造出一个理想的有自然趣味的境界。

园林是以自然山水为主题思想，以花木水石、建筑等为物质表现手段，在有限的空间里，创造出视觉无尽的、具有高度自然精神境界的环境。

现代园林包括的不仅是叠山理水、花木建筑、雕塑小品，还包括新型材料的使用、废品的利用、灯光的使用等，园林在造景上必须是美的，且在听觉、视觉上具备形象美，如图1-2所示。

图1-2　园林假山

（二）园林的分类及功能

从布置方式上说，园林可分为三大类：规则式园林、自然式园林和混合式园林。

（1）规则式园林，其代表为意大利宫殿、法国台地和中国的皇家园林。

（2）自然式园林，其代表为中国的私家园林，如苏州园林、岭南园林等。以岭南园林为例，建设者虽效法江南园林和北方园林，但是将精美灵巧和庄重华缛集于一身，园林以山石池塘为衬托，结合南国植物配置，并将自身简洁、轻盈的建筑布置其间，形成岭南庭园玲珑、典雅的独特风格，如图1-3所示。

图 1-3　岭南园林

（3）混合式园林，是规则式和自然式的搭配，如现代建筑。

从开发方式上说，园林可分为两大类：一类是利用原有自然风致，修整开发，开辟路径，布置园林建筑，不费人事之功就可形成的自然园林。另一类是人工园林，是人们为改善生态、美化环境、满足游憩和文化生活的需要而创造的环境，如小游园、花园、公园等。随着人们生活水平的提高，很多花园式住宅也开始向美观与艺术方向发展，逐渐成为人工园林的一部分。

按照现代人的理解，园林不仅可以作为游憩之用，还具有保护和改善环境的功能。植物可以吸收二氧化碳，放出氧气，净化空气；能在一定程度上吸收有害气体和吸附尘埃，减轻污染；可以调节空气的温度、湿度，改善小气候；具有减弱噪声和防风、防火等防护作用；园林对人们的心理和精神也能起到一定的有益作用。游憩在景色优美和安静的园林中，有助于消除长时间工作带来的紧张和疲乏，使脑力、体力得到恢复。园林中的文化、游乐、体育、科普教育等活动，还可以丰富知识和充实精神生活。

例如，城市建筑的垂直花园。随着人们对艺术追求的不断提高，园林景观艺术开始向多种类发展，在国外，一个新分支——垂直花园的出现很好地解释了混合式园林的出现与发展，如图 1-4 所示。垂直花园在现代城市景观中引起越来越多人的重视，它具有以下几点优势：首先，在任何地方都可以使用；其次，可以改善空气质量；再次，可以绿化环境。垂直花园由三部分组成：一个铁框架、一个板层，以及一个毡层。铁框架固定在墙体或可以站立，提供隔热和隔音系统；1 厘米厚的板片被固定在铁框架上面，为整个构筑增加坚固度并起到防水作用。最后一层用聚酰胺材料钉在板层上面，起到防腐蚀作用，同时这种类似毛细血管的设计形式可以起到灌溉的作用。

（a） （b）

图 1-4 雅典娜神庙饭店的垂直花园

二、景观的概念

景观（Landscape）一词最早记载于《圣经·旧约》中，是指城市景观或大自然的风景。15 世纪，由于欧洲风景画的兴起，"景观"成为绘画的术语。18 世纪，"景观"与"园林艺术"联系到一起。19 世纪末期，"景观设计学"的概念广为盛传，使"景观"与设计紧密结合在一起。

然而，不同的时期和不同的学科对"景观"的理解不甚相同。地理学上，景观是一个科学名词，表示一种地表景象或综合自然地理区，如城市景观、草原景观、森林景观等；艺术家将景观视为一种艺术的表现；风景建筑师将建筑物的配景或背景作为艺术的表现对象；生态学家把景观定义为生态系统。有人曾说"同一景象有十个版本"，可见，即使是同一景象，不同的人对其有不同的理解。

按照不同的人对"景观"的不同理解，景观可分为自然景观和人文景观两大类型。

自然景观包括天然景观（如高山、草原、沼泽、雨林等），人文景观包含范围比较广泛，如人类的栖居地、生态系统、历史古迹等。随着人类社会对自然环境的改造，在漫长的历史过程中，自然景观与人文景观呈现互相融合的趋势，如图 1-5 所示。

图1-5 园林景观设计

景观是人类所向往的自然，景观是人类的栖居地，景观是人造的工艺结晶，景观是需要科学分析方能被理解的物质系统，景观是有待解决的问题，景观是可以带来财富的资源，景观是反映社会伦理、道德和价值观念的意识形态，景观是历史，景观是美。总之，景观最基本、最实质的内容还是没有脱离园林的核心。

追根溯源，园林在先，景观在后。园林的形态演变可以用简单的几个字来概括，最初是"囿"和"圃"。圃就是菜地、蔬菜园；囿就是把一块地圈起来，将猎取的野生动物圈养起来，随着时间的推移，囿逐渐成为打猎的场所。到了现代，囿有了新的发展，有了规模更大的环境，包括区域的、城市的、古代的和现代的。不同的历史时期和不同的种类成就了今天的园林景观。

三、现代园林景观设计的概念

我国园林设计大致可以分为两个阶段：传统园林设计和现代园林设计。值得注意的是，现代园林设计并没有完全脱离传统园林设计，而是在传统园林设计的基础上加入现代园林设计元素，既传承了传统园林设计，又符合现代园林设计的需求。

中国古典园林被称为世界园林之母，可见中国古典园林的历史文化地位。随着中国近代历史的演变，大量西方文化涌入，出现了"现代园林景观"这一名词，中国的现代园林景观设计也面临着前所未有的机遇和挑战。

随着我国现代城市建设的发展，绿色园林景观的需求和发展成为园林景观界的主旋律。近年来，中国园林景观界形成了大园林思想，该理论继承和借鉴了国外多个园林景观理论，其核心是将现代园林景观的规划建设放到城市的范围内去考虑。

现代园林景观强调城市人居环境中人与自然的和谐，满足人们对室外空间的需求，为人们的休闲、交流提供活动场所，满足人们对现代园林景观的审美需求。

　　亚龙湾蝴蝶谷是中国第一个设施完善的自然与人工巧妙结合的蝴蝶文化公园，也是中国第一个集展览、科教、旅游、购物为一体的蝴蝶文化公园。谷内小桥流水，景色宜人，内自然生长着成千上万只蝴蝶，随处可见色彩艳丽的彩蝶在绿树繁花间翩翩起舞，如图1-6所示。保护生态环境与开发旅游资源必然会产生很多矛盾，处理不当就会破坏生态环境。亚龙湾开发股份有限公司在设计和开发蝴蝶谷方面进行了有益的探索，并取得了显著成效。蝴蝶谷每一处建筑都巧妙地利用了这里的原始山水及植被，使原始的生态资源得以充分利用和保护。园内的小桥、流水、幽谷、鲜花和翩翩起舞的彩蝶以及各类粗犷的原始植被，构成了一个幽静、自然的世外桃源。

图1-6　亚龙湾蝴蝶谷的生态景观

　　中国现代园林景观设计以小品、雕塑等人工要素为中心，水土、地形、动植物等自然元素成了点缀，心理上的满足胜于物质上的满足。现代设计师甚至对自然的认识更加模糊，转而追求建筑小品、艺术雕塑等所蕴含的象征意义，用象形或隐喻的手法，将人工景观与自然景物联系在一起。Orchideorama蜂巢建筑小品的，设计师将建筑小品融入自然景物中，不但有很强的视觉冲击力，而且与生态相融合，体现了现代景观设计的价值观，如图1-7所示。从外观上看，Orchideorama的外形酷似蜂巢，也因此而得名。Orchideorama的修建就像种植花草一样，一株"花"长成了，旁边就会长出另外一株，直到整个花园成型。花草可以种植在任何可能的地方，自身的生长结构能很快地与土地结构相适应，使建筑和有机生命体有效地结合起来。从微观来看，自定义的几何图案以及材料的组织结构都让建筑本身具有一种生活的性质；从宏观上看，整个建筑有一种很强的视觉效应，每一个单体都采用蜂窝的几何形态连在一起，有系统地重复并不断地延伸，与茂密的植物很好地融合在一起。

图1-7　蜂巢建筑小品外观

四、现代园林景观设计的意义

景观的发展与社会的发展密切相关，社会经济、政治、文化的现状及发展对景观的发展都有深刻的影响。例如，历史上的工业革命使社会产生了巨大的进步，也促进了景观内容的发展和现代景观的产生。可见，社会的发展、文化的进步能促进园林景观的发展。

随着社会的发展，能源危机和环境污染的问题也随之出现，无节制的生产方式使人们对生存环境的危机感逐渐增强，于是保护环境成为人们的共识，也更加注重景观的环保意义。因此，社会结构影响景观的发展，景观的发展也影响社会的发展，两者是相互发展、相互作用的。

现代园林景观以植物为主体，结合石、水、雕塑、光等进行设计编排，营造出符合人们居住的、空气清新的、具有美感的环境，如图1-8所示。

图1-8　园林景观与住宅

　　现代园林景观的意义，首先在于满足社会与人的需求。景观在现代城市中已经非常普遍，并影响着人们生活的方方面面。现代景观要满足人的需要，这是其功能目标。景观设计最终关系到人的使用，因此景观的意义在于为人们提供实用、舒适、精良的设计，如图 1-9 所示。其次，现代园林被称为"生物过滤器"。在工业生产过程中，环境所承受的压力越来越大，各种排放气体如二氧化碳、一氧化碳、氟化氢等，会对人的身心健康产生一定的威胁。国外的研究资料显示，现代园林因绿化面积较大，能过滤掉大气中 80% 的污染物，林荫道的树木能过滤掉 70% 的污染物，树木的叶面、枝干能拦截空中的微粒，即使在冬天落叶树也仍然保持 60% 的过滤效果。再次，现代园林能改善城市小气候。所谓小气候，是指因地层表面的差异性属性而形成的局部地区气候，其影响因素除了太阳辐射外还有植被、水等因素。研究发现，当夏季城市气温为 27.5 ℃时，草地表面温度为 22 ～ 24.5 ℃，比裸露地面低 6 ～ 7 ℃。到了冬季，绿地里的树木能降低风速20%，使寒冷的气温不至降得过低，起到保温作用。

图 1-9　让人备感舒适的园林景观设计

　　北京泰禾红御西区 15 栋别墅（B36–B50）及中央景观带范围内的园林景观工程等 44 项园林绿化工程被评为优质工程，如图 1-10 所示。该景观面积为 8 200平方米，绿地面积为 4 600 平方米，绿化覆盖率达到 56%。其中，常绿乔木有 86株，落叶乔木有 213 株，常绿灌木有 82 棵，落叶灌木有 260 棵，花卉种植面积500 平方米，草坪面积 3 137 平方米。泰禾红御西区是住宅园林景观设计，在现代生活中，工业生产所排放的有毒气体成为困扰人们生活的因素之一，而绿色的居住环境能使大气污染得到改观，并且使人们的心情愉悦，宅从绿化的角度为人们创造好的居住和生活环境。

（a） （b）

图 1-10　北京泰禾红御园林景观

北欧国家及德国的设计师在全球树立了榜样，把景观的社会性放在第一位。日常生活的需要是景观设计的重要出发点，设计师总是把对舒适和实用的追求放在首位，设计时不追求表面的形式，不追求前卫、精英化与视觉冲击效果，而是着眼于追求内在的价值和使用功能。这种功能化的、朴素的景观设计风格应该赢得人们的尊敬，如图 1-11、图 1-12 所示。

图 1-11　北欧住宅门前的绿地　　　　图 1-12　北欧住宅门前的绿地

在美国南加州，景观设计师 Scott Shrader 以其舒适、都市化的设计风格而闻名。他自己的住所是一个 1 600 平方米的西式复古风格的别墅，将砖石混凝土大庭院转化成三个稍显私密的小空间，如图 1-13 ～图 1-15 所示。在后花园，他用砖和混凝土将后院分成三个 45 平方米的区域并定制了法式大门，花园两边有两棵橄榄树，里面有沃尔特·兰姆设计的椅子、1 个用回收的脚手架制作的桌子、Guatemalan 铺路材料和雕塑家 Simon Toparovsky 设计的名为 Flight of Icarus 的雕塑。

当代园林景观继承了传统园林景观居住的实用性，适宜人类生活、游憩、居住，满足人们的精神与物质的需要。从图片中可以看出，植物与其他元素配合得相当融洽，颜色搭配使人感觉舒适，摆件和陈设也能给人带来精神上的放松。

图 1-13　Scott Shrader 的后花园大门　　图 1-14　Scott Shrader 的后花园植物景观

图 1-15　Scott Shrader 的后花园景观一角

五、现代园林景观设计的目的

现代园林设计的最终目的是保护与改善城市的自然环境，调节城市小气候，维持生态平衡，增加城市景观的审美功能，创造出优美自然的、适宜人们生活游憩的最佳环境系统。园林从主观上说是反映社会意识形态的空间艺术，因此它在满足人们良好休息与娱乐的物质文明需要的基础上，还应满足精神文明的需要。

随着人类文明的不断进步与发展，园林景观艺术因集社会、人文、科学于一体而受到社会的重视。园林景观设计的目的在于改善人类生活的空间形态，通过改造山水或开辟新园等方法给人们提供一个多层次、多空间的生存状态，并结合建筑的布局、植物的栽植，营造出供人们观赏、游憩、居住的环境。

园林景观设计将植物、建筑、山、水等元素按照点、线、面的集合方式进行安排，设计师借助这一空间来表达自己对环境的理解及对各元素的认识，目的是让人们获得更好的视觉及触觉感受。

例如，Shell 度假别墅园林是日本设计师井泽的作品，该作品将立体构成的元素与园林景观设计结合，成为现代园林的典范之作。将点、线、面结合在一起，依靠自然环境加上自己对环境及园林的理解进行构筑，给人们的感观带来美，是园林景观设计师孜孜不倦的追求，如图 1-16 所示。

（a）　　　　　　　　　　　　（b）

图 1-16　Shell 度假别墅园林设计

第二节　现代园林景观设计美学概述

西方的美学研究经历了百年的发展历程，研究内容逐渐由古典向现代更迭，实现了由主观到客观的形式转换，形成了区别于古典美学的现代以及当代美学潮流的总体特征。

一、现代园林景观设计美学理论的概念

从 18 世纪到 19 世纪的百年间，美学研究的重要成果主要表现为伊曼努尔·康

德和黑格尔在哲学等层面对美学问题做出的探究。康德的《判断力批判》阐明了关于人文主体和审美判断的美学问题，是美学理论进一步摆脱以神学为基础的传统宗教束缚的基础。黑格尔认为美学问题的研究客体及其相对性特征是通过对"美的本质"这一根本问题的深刻讨论得出的，他的美学观点集中体现在其系列著作《美学》中。他们关于美学问题的讨论与辨析，直接启发了人文主义思想与客观思维之间的互相补充与融合，是美学在客观现实和主观经验对话下的一次重大进步。

20 世纪初叶，西格蒙德·弗洛伊德作为精神分析美学的开创者，他的美学理论思想主要集中于《梦的解析》一书中。弗洛伊德认为潜意识左右了人们的意识和行为，他以对梦境的深入分析为基础，详细阐述了记忆、行为经验和表象之间的作用关系，这一主张成为美学非理性主义产生的重要标志。贝奈戴托·克罗齐是美学表现主义的开创者和重要代表人物，他在著作《美学原理》中指出艺术创作中的非理性表现与感情作用是通过对心理认知、联想意识和知觉本能的交互性研究体现出来的，在此基础之上他提出"直觉即表现，艺术即直觉"的美学观点。以此为基础，R.G.科林伍德创造性地把艺术概念同意识、想象和感觉联系起来，指出只有表现情感的艺术才是真正的艺术。海德格尔的美学理论从审美经验角度阐述了对美的理解，这也是《存在与时间》一书所表达的核心美学思想。《知觉现象学》的作者梅洛·庞蒂则重视对美学行为要素的探讨，他强调人和事物的对话以及体验性认知是意识经验和自我知觉共同感知美的必要前提。

20 世纪末涌现出形式主义美学、符号美学、分析美学和解构美学等诸多美学理论，推动了美学理论体系构架的完善，诠释了西方美学的主要发展历程。

二、现代园林景观设计美学意向表现

现代景观设计的发展会因其内质诉求的不同而在美学上表现出多样性特征。景观作为顺应时代发展的艺术创作，能给人带来观感、触感、情感等体验，不仅映射出设计者自身的审美观念和审美认知，还能表达社会各构成层面在发展过程中所隐喻的审美情感。因此，在脱离对社会情感和文化感性认知思考的情况下，景观设计与艺术创作都是没有审美价值可言的。在城市景观中表达审美观点是现代景观设计在美学层面的重要突破，在此前提下审美成了一种物质性表意现象，多维度的审美形象和多元化的交流途径相互融合，为未来的审美感知确立了表意特征。

三、现代园林景观设计美学展望

现代景观设计的审美发展趋向于形式上异彩纷呈、科学技术与美学观点相互融合以及生态美学观念再次回归等表象特征。现代景观的审美形象决定了设计思维的变迁，在技术应用不断被拓展的前提下，越来越趋向于人们通过中间介质与景观环境的信息交流。随着对审美文化的深入探究和对美学发展状态的进一步解读，在现代景观设计中，美学的关注主体由本体形象转为内涵意蕴。

四、现代园林景观设计美学观念

（一）景观技术

18世纪以来，在工业革命的影响下现代科学技术发展迅猛，人们的生活方式、社会观念与意识都发生了明显的变化。在时代进步的大背景下，技术的革新和设计方法的改进是现代景观设计不断超越自我的基础。

科学技术的发展使现代景观设计产生了巨大的变化，新技术的运用拓宽了现代景观设计的视野。受现代环境科学、材料技术、加工工艺以及现代建筑理论和现代美学思想的交叉影响，新的设计概念层出不穷，逐渐在现代景观设计的领域扮演着引领风尚的重要角色。众多新技术的不断出现为景观设计师打开了通往灵感源泉的大门，也是现代城市景观呈现出五彩缤纷新面貌的主要推动力量。

17世纪，法国的安德烈·勒·诺特在为当时的国王路易十四设计凡尔赛宫喷泉的时候，运用了当时非常先进的水测量技术和水利工程技术，这是目前资料可查的最早利用先进技术提升景观品质的优秀案例。21世纪，新技术的运用与不断更新，使信息技术、环境测评与保护技术、生态技术等空前进步，在西方国家大量实践成果的影响下，我国的现代景观设计逐渐呈现数字化、高技术化、信息化、智能化、生态化以及乡土化等发展趋势。同时，以地理信息技术、"3S"技术和"VR"虚拟现实技术等为代表的高新技术被大量地运用到现代景观设计的实践中，在拓宽景观设计师设计思路的同时，建立了现代景观设计学科新的价值观念与评判体系。

与西方发达国家相比，中国的现代景观技术发展起步较晚并且不够成熟与完善。随着国际交流的日益密切，中国的现代景观技术正趋向于同国际一流水平接轨。为解决当下诸多景观设计、营造等方面的问题，我们应该遵循科学的发展观，在发展高技术景观的同时，与中国国情和历史文化背景相结合，走独具中国特色和时代特征的现代景观技术发展道路。

（二）技术美学

技术美学作为新兴的美学范畴，其研究的核心内容主要集中在技术美这一物质文化领域，这一点在现代景观的审美表现中显得尤为重要。

美学问题的本质与人的主观能动性有密切关系。人们通过主动的、有目性的实践活动来认知世界，审美感受和其他的观念、意识就是在这个过程中形成的。马克思在其著作《1844年经济学——哲学手稿》中指出："劳动创造美"他在历史唯物主义和辩证唯物主义的角度科学地解释了美学的本质和根源。人们在社会实践活动中感知美的存在，审美形态最初产生于物质实践活动，技术产品从一开始就作为人们感受美的物质载体而存在。一般意义上来讲，技术是人们通过生产劳动改造自然的手段，人们主动地遵循客观规律，运用技术手段发起并控制人与自然之间物质交换的过程。技术成果本身也是劳动产品，是审美意识的物化载体，如MFO公园运用可伸缩的钢索结构和植物相沟通，营造了雄伟壮阔的景观空间。

人们在创造性的生产劳动中发现，既满足使用功能又满足审美功能的技术产品所具有的审美特性就是我们所说的技术之美，它是人们创造的具有社会属性的审美形态，也是社会生活中物质层面最基本的审美存在。技术之美是社会美和现实美的主要组成部分，具有极为重要的美学地位。长期以来，技术美学在美学研究领域存在被排斥的现象，美学家对技术美学缺乏充足的认识与研究。

科学技术飞速发展，科技成果日新月异。在当今时代背景下，我们应该重新认识物质与意识，功能与审美的辩证关系，使技术美学的作用在物质与精神生活中凸现出来。

（三）审美价值

人类对美的认知能力是与生俱来的，探索美的本质是人类社会的永恒话题，对审美与实践辩证关系的探讨一直都是审美价值研究的重要出发点和落脚点。对"审美是否源自实践""功能性是否先于审美""审美感知是否形成于实践"等学术话题的讨论，是学界对审美价值探究的时代高峰。东西方对审美价值的探索可以追溯到数千年前，无数的美学家、哲学家、文学家和思想家都力图在揭示美的根源与本质的基础上探索创造审美价值的途径。

与景观设计相关的审美价值研究最早可追溯到古希腊时期的毕达哥拉斯学派。不同于纯粹的艺术表现形式，现代景观设计在实践的过程中面临的历史、社会和文化问题更为复杂。例如，1914年加纳·阿斯普朗德设计的森林墓园被称作"从黑暗到光明的朝圣之旅"（浪漫主义的自然风光加入现代建筑的审美价值）。景观的审美价值体现在景观空间和各构成要素之间的审美交流中，现代景观设计如果沉浸在单纯对艺术空间的追求中，就会导致其核心审美价值的沦丧。

现代景观设计并不是简单地作为独立的审美形象存在于现代城市的公共空间中，景观是在特定的美学空间营造过程中呈现出来的，它与周围空间相互作用所产生的边界效应与隔离感是相对而论的，如被称作景观隐喻典范之作的小斯巴达园。通过审美意义上的开放与融合，使景观空间的场所感与周围环境紧密相连并相互辉映，增强了城市空间环境的文化魅力以及精神活力。

（四）人文关怀

在我国古代，最早对人文一词的记载与解释出现在《易经》的卦象辞中，描述的是人文与天文之间相互依存的关系，通俗地讲就是人们对其生存环境和生存状况的理性探究，这也是中国传统的天人合一哲学思想的精髓所在。相对于中国传统历史、文化中的人文关怀，西方最初的人文关怀在表现同根性特征的同时表现出不同的现实意义。文艺复兴运动推动了西方认识和研究人文关怀的浪潮，近代人文主义思想由此开始萌生，后来出现的现代人本主义以及在后现代主义影响下的人文主义形态，都是其在内容和形式上的延伸。在讨论现代景观设计中人文关怀时，把它有机地分成了两个主要层面——物质层面与心理层面。景观作品中的物质层面的人文关怀强调具体的景观元素，包括用色、材质和植物等的人性化设计。现心理层面的人文关怀主要表现为作品本身的审美意境对人心理活动产生的影响，如美国纽约的中央公园。

景观设计的从业人员应该更深层次地去挖掘人文关怀思想在现代景观设计中的生态表现，避免因概念模糊或理解片面而导致伪人文现象的出现。在尊重社会现实状况和社会需求关系的基础上，全面地、科学地认识现代景观与当代人文关怀的辩证关系，在注重人文关怀的同时贯彻人与自然和谐相处的生态观，实现景观设计作品功能与形式、自然与人文、生态与生命真正意义上的融合，这也是现代景观设计的时代性特征。

第三节　中国现代景观设计美学特征发展趋势

经历了近一个世纪的发展与演变，现代景观设计美学特征的发展趋势表现为

6个方面：空间概念的转变、尺度观念的转变、注重多学科交流、强调生态保护、表现文化传承以及注重人文关怀。

一、空间概念的转变

现代景观设计具有极强的三维性特征它摒弃了传统的平面构图思维，开辟了新的空间组织方式，追求多视点的动态空间和抽象的自由曲线以及空间的几何构成。这些特点最早在马尔克斯的有机景观中有所体现。

现代主义艺术的构图推崇运用简单有序的形体组合营造具有审美意境的视觉效果，在此启发下现代景观设计开始向多维度方向思考空间形态。功能与形式的结合，引领了现代景观设计在审美角度下的空间革命。

卡斯特罗博物馆的中央庭院被称作"逝去的脚步"，彼得·艾森曼在卡洛·斯卡帕建筑设计的基础上，创造性地在设计过程中在角度转换过的网格系统上布置了5个平面空间，空间之间相互穿插交汇于具有三维形态特点的草地上。将原有的小尺度现状空间与尺度对比较大的景观空间结合起来，巧妙地为建筑和景观环境建立了相互对话的空间关系。钢柱护栏、石条以及草地构成了庭院空间中的三维元素，平面空间的真实尺度被化解开来，具有明显的现代景观设计的空间特征。

二、尺度观念的转变

现代景观是现代城市的重要组成部分。现代景观设计的根本出发点是解决城市空间与城市居民物质、精神需求的关系问题。传统的景观设计具有摆脱城市主体的独立性特点。在当今城市化发展背景下，城市规划的规模与尺度发生了改变，现代城市景观作为城市规划设计的重要组成部分，其尺度观念也产生了明显的转变。

城市景观与其他功能用地之间的边界不断被打破，随之而来的是景观元素逐渐渗透到整个城市空间中来，现代景观设计美学特征中的尺度观念也由此进一步得以更新。城市空间成为景观设计的表现对象，以往受场地限制的尺度观念被打破。因此，我们不能再用以往的宏观和微观的二元性特征来界定现代景观设计的尺度，应该从综合性的审美角度出发，重新界定现代景观设计美学特征的尺度观念。

在此背景下，一切符合大众审美诉求的城市空间都成为新的尺度观念中的重要组成部分，建筑用地、景观用地、交通用地等不同的空间类型都应被涵盖到现代景观设计尺度的概念中来，城市建筑、城市道路都成为现代景观设计美学特征层的基本元素。景观的尺度概念得以突破性地更新与拓展，景观空间也变得丰富，不再被限定在景观用地的尺度观念中。现代景观设计美学特征中尺度观念的新趋向与时代背景下的城市化进程相吻合，这也是现代景观设计尺度观念在景观空间审美表达方面越来越突出的表现。

三、注重多学科交流

景观环境空间是一个集功能布局、审美表达、技术应用与文化传承等层面于一体的综合性系统，单一的学科体系难以实现景观系统的整体性价值。包括美学、技术科学、材料学、生态学、环境学、行为学以及心理学等在内的科学技术手段，是现代景观设计表达其美学特征的主要实践基础。

在满足功能性的前提下表现美学特征、实现审美价值是现代景观设计的目的与归宿所在。随着环境保护、生态修复等现代景观设计理念的逐步深化，多学科的充分交流成为当下我们解决一系列环境、生态问题和提升环境空间审美价值的关键所在，更是表现现代景观设计美学特征的重要内容。

四、强调生态保护

受生态学和环境保护学等概念的影响，现代景观设计美学特征在设计理念层面发生了重要转变，强调生态保护成为美学特征表现的基调。

工业革命以来，大工业生产引起的生态破坏与环境恶化等诸多问题日益突出。生态学的介入，使景观设计改善和提升人与自然关系、形成良好环境机制的设计理念更为清晰。生态观念强调多学科的协调合作以及环境科学体系的不断更新与进步。在目前的城市化建设中，生态化的景观环境作为基础性保障，其重要性已经得到人们的认可与推崇，并呈现逐步深入的态势。

具有生态保护意义的景观空间既能满足人与自然环境的协调共生，又能为环境的可持续发展提供参照。

五、表现文化传承

作为人类文明的物化象征，城市是历史文化积淀过程中的产物，城市景观记录并传承了文化内涵，传递着人们的情感寄托。在当今时代，景观不再是单一的功能与形式的体现，是对更深层次上文化形态的传达与追求。

　　文化传承是现代景观设计的重要功能之一，不同于传统景观对审美的纯粹性追求，现代景观设计是表达文化内涵、体现文化价值的重要载体。景观空间是由特定的空间、时间、人以及文化组成的综合体系，通过唤醒人们对场所的特殊记忆而形成特定的空间形象。

六、注重人文关怀

　　实现以人为本的设计思想是现代景观设计美学特征表现的使命所在。现代景观设计营造生态型人居环境和可持续发展的理念逐渐得到世人的理解与重视，生态学意义上的世界观日益被人们认可，绿色设计、生态设计等现代景观设计理念也越来越受关注。现代景观设计的人文关怀在心理角度主要表现为作品本身的审美意境对人心理活动产生的影响。现代景观设计中人文关怀的体现，是逻辑与艺术、理性与感性的结合，是自然与人文的融合，并指明了现代景观设计美学特征的历史形态与发展方向。

第二章　现代园林景观设计流程现状

中国古代园林的辉煌成就使中国园林被称为世界园林之母。如今，中国园林与世界园林出现共同发展、互相融合的局面，虽然存在不足，但总的来说对中国现代园林的发展起着积极的作用，现代园林中不乏借用中国古典园林的造景原则。

第一节　现代园林景观的设计要素

现代园林景观的设计要素可分为两大类：一类是软质要素，如植物、水、风、雨、阳光等；另一类是硬质要素，如铺地、墙体、栏杆、建筑、小品等。软质要素通常是自然的；硬质要素通常是人造的。

一、软质要素

（一）园林景观设计的植物要素

植物在园林景观艺术中有很大作用。植物造景是利用乔木、灌木、藤木、草本植物来创造景观，并发挥植物的形体、线条、色彩等自然美，配置成一幅美丽动人的画面，供人们观赏，如图2-1所示。

图 2-1　利用台阶营造植物层次

植物在园林中有以下作用。

1. 观赏功能

不同的植物形态各异，颜色多变，可给人们带来艺术的享受，利用植物的不同特征和配置方法，可以塑造不同的植物空间。如图 2-2 所示，纪念性建筑植物配置主要体现庄严肃穆的场景，多用松、柏等，且多列植和对植于建筑前。如图 2-3 所示，塔状植物突出了建筑的内部效果，使建筑显得更加高大。如图 2-4 所示，植物配置软化了入口的几何线条，起着增加景深、延伸空间的作用。

图 2-2　纪念性建筑植物配置　　　图 2-3 塔状植物　　　图 2-4 增加景深的植物配置

2. 净化功能

合理配置绿化可以吸收空气中的有害气体，起到净化空气的作用，还可以减少噪音，给人们提供一个安静清新的园林空间。

3. 改善气候

植物是改善小气候、提供舒适环境的最经济的手段，如图 2-5 所示。植物通过自身的特点，可以挡住寒风，还可以作为护坡材料，减少水土流失。

图 2-5　墙体植物能够改善小气候

在成活率达标的基础上，利用植物造景艺术原理，形成疏林与密林交错、天际线与林缘线优美、植物群落搭配美观的园林植物景观，如图2-6所示。

图2-6　园林植物丰富了小品的艺术构图

（二）水体是园林景观设计的软质要素之一

水体是园林景观中最具动态特征的元素。水的外在特性是随着水体容器的变化而变化的，所以水体具有可塑性。

水体有动水和静水之分。静有安详，动有灵性，如图2-7、图2-8所示。

图2-7　泳池成为静水景观的元素　　图2-8　瀑布是动水景观的元素

动水包括喷泉、瀑布、溪涧等，静水包括潭、湖等。

喷泉在现代景观中的应用很普遍。喷泉可利用光、声、形、色等产生视觉、听觉、触觉等艺术感受，使生活在城市中的人们感受到大自然中水的气息，如图2-9所示。

图 2-9　夜晚的喷泉

　　尽管如此，人工痕迹始终不可避免。如果能将人工与自然巧妙结合，一定会呈现另一种境界。

　　波茨坦广场是德国柏林的新中心，集餐饮、购物、娱乐等功能于一体，吸引了来自世界各地的游客。从园林设计的角度看，波茨坦广场的特色在于雨水降落之后能被就地使用。该广场的水资源常被用于以下几处：一是索尼中心大楼前带有喷泉的水景观，小孩子尤其喜欢来这里观看喷泉水柱四溅；二是戴克公司总部大楼前的人工湖，湖内鸳鸯戏水、金鱼游动，路过的游人无不留连驻足；三是柏林电影节电影宫前的阶梯状水流，水流上与人工湖、下与水泵相连。这些水资源都是来自对雨水的利用。

　　雨水从屋顶流下，作为冲厕、灌溉和消防用水。过量的雨水则可以流入户外水景的水池和水渠中，为城市生活增色添彩，如图 2-10 所示。德国是一个水资源充沛，尤其是雨水资源充沛的国家。波茨坦广场的水体景观就是根据德国水资源的实际状况设计的。这不仅保证了广场的公共性，还维持了良好的水环境，值得学习和借鉴。

（a）　　　　　　（b）　　　　　　（c）　　　　　　（d）

图 2-10　德国波茨坦广场水景设计

（三）光影在园林景观设计中的地位

人工光影或是幽暗错落，或是明媚四射，或是迷离朦胧，如图2-11所示为人工光影塑造的美感。

图2-11　人工光影

对于光来说，它主要分为大自然所赐予的光和人通过主观能动性制造出的光。大自然赋予的光，如月光、阳光，总能给我们许多灵感，如图2-12所示。人造光总能填补自然光的缺陷，营造不同凡响的艺术效果。对于影来说，其魅力也是无穷无尽的，类似一处宝藏，我们总能在其中发现一丝感动，如图2-13所示。

图2-12　自然光影带给园林景观的魅力　　图2-13 人工光影填补了自然景观的缺陷

现代园林景观设计非常重视给人以立体视觉感受的造型艺术。为了营造这种立体的视觉感受，设计者在园林景观设计的过程中，就应该科学地利用光与影。可以借助阳光的照射角度来营造这种光影关系；也可以利用玻璃以及水流等透明、通透的媒介营造一种立体光影的视觉艺术效果。例如，给公园中一座很普通的水塔罩上玻璃盒，再加上穿透性灯光的照射，使光与影协调融合，给人带来立体的视觉感受。

二、硬质要素

（一）园林铺地

园林铺地是用各种材料进行地面的铺砌装饰，其形式可分为七类：规则式铺地、不规则式铺地、其他形状铺地、嵌草铺地、带图案的铺地、彩砖铺地、砂石铺地，如图2-14、图2-15所示。

图2-14　嵌草铺地　　　　　　　　　　图2-15 砂石铺地

园林道路在园林环境中具有分割空间和组织路线的作用，并且为人们提供了良好的休息和活动场所，还直接创造了优美的地面景观，给人以美的享受，增强了园林艺术的效果。

新加坡布兰雅山公园中的道路对人们来说最主要的作用是引导游客，创造出优美的景观。公园为市民提供了具有引导性质的道路，宛若一座雕塑。拱形钢铁防护栏使大桥显得更加有生气，在夜晚则变化为一座梦幻感十足的雕塑。整个人行道还有一部分是在树冠之间穿梭的天桥，游人在蜿蜒的天桥上可以尽情欣赏城市自然风光，如图2-16所示。

（a）　　　　　　　　　　　　　　（b）

图2-16　林中走道

园林中的道路有别于一般的交通道路,其交通功能从属于游览的要求,虽然也利于人流疏导,但并不以取得捷径为准则。

园林铺地在园林景观中具有以下几点作用:第一,引导作用,地面被铺装成带状或某种线型时,就构成园路,它能指明方向,组织风景园林序列,起着无声的导游作用。第二,调节游览的速度和节奏。第三,园林铺地是整个园林不可缺少的一部分,因此铺地参与园林景观的创造。铺地是园林景观设计的一个重点,尤其以广场设计表现突出。

斯捷潘·拉迪奇广场是一个临着海滨的开放大广场,面向大海完全开放。广场的概念来源于"廊道",具体体现在树线上。用树线阻隔交通,围合凝聚力空间,沿途创造出不同系列的微环境。为了克服广场两侧的高差,沿着树线在广场局部布置了梯田台阶,保证了临海面无障碍通行。落差主要分成二段,在高段落差层沿着树线设置休息区和餐饮区,人们可以在树荫下免受日晒雨打。临海的道路设置成波浪起伏状,这样做主要是为了减缓过往车辆的速度,保障广场上行人的安全。通过视觉和感知将行人道路与车行道路断开,在保证安全的前提下,带给行人直通大海的舒适观感,如图2-17所示。广场设计中的铺地设计对于整个广场设计十分重要,不仅要保证行人的安全还要保证广场的整体设计感。该案例中的铺地设计就是一个典范,在视觉和感知上保证了行人的安全,也保证了临海行人的无障碍通行。

图2-17 斯捷潘·拉迪奇广场

(二)墙体

过去,墙体多采用砖墙、石墙,虽然古朴,但与现代社会的步伐已不协调。蘑菇石贴面墙的出现受到广大群众的青睐。墙体材料有很大改观,其种类也变化多端,有用于机场的隔音墙,用于护坡的挡土墙,用于分隔空间的浮雕墙等。另外,现代玻璃墙的出现可谓一大创作,因为玻璃的透明度比较高,对景观的创造起很大的促进作用。随着时代的发展,墙体已不单是一种防卫象征,更多的是一种艺术感受。

法国巴黎赛尔甘斯布花园的设计是将花园布置在一大块空地周围，与布局相匹配。花园沿着轴布置，连接林荫大道的视线。中央的池塘收集雨水，并通往地下一个巨大的罐子。池塘的存在让花园可以发展成生态环境。除此之外，还布置了花园的其他功能，如儿童游乐、阅读室、园丁之家等，如图2-18、图2-19所示。市民在这个静谧的花园中能够享受到贴心的感觉。栅栏似的墙体设计起到隔断的作用，使整个花园的空间显得不那么拥挤。

图2-18　赛尔甘斯布花园　　　　图2-19　赛尔甘斯布花园的墙体设计

（三）小品

建筑小品一般是指体型小、数量多、分布广，功能简单、造型别致，具有较强的装饰性，富有情趣的精美设施，如图2-20、图2-21和图2-22所示。园林建筑小品是园林景观设计的重要组成部分，起着组织空间、引导游览、点景、赏景、添景的作用，如雕塑、座椅、电话亭、布告栏、导游图等。

图2-20　国外精选景观小品　　　　图2-21　座椅景观

图 2-22　水体景观

园林小品体量小巧，造型别致，富有特色，并讲究适得其所。在园林中既能美化环境，丰富园趣，又能使游人从中获得美的感受和美的熏陶。设计创作时可以做到"景到随机，不拘一格"，在有限空间得其天趣。

景观小品分为服务小品、装饰小品、展示小品、照明小品。服务小品有供人休息、遮阳用的廊架、座椅，为人服务的电话亭、洗手池等，为保持环境卫生的废物箱等。装饰小品包括绿地中的雕塑、铺装、景墙、窗等。展示小品包括布告栏、导游图、指路标牌等，起到一定的宣传、指示、教育的功能。照明小品包括草坪灯、广场灯、景观灯等灯饰小品。

第二节　现代园林景观的设计流程

一、前期调查研究工作

同其他设计工作一样，在进行园林景观设计之前，要开展充分的调查研究工作，对规划范围内的地形、水体、建筑物、植物、地上或地下管道等工程设施进行调查，并做出评价。

规划者应对以下方面进行调查。

1. 建设单位的调查。了解建设单位的性质、具体要求、经济能力和管理能力。

2. 社会环境的调查。了解城市规划中的土地利用、交通、电讯、环境质量、当地法律法规等相关内容。

3. 对历史人文等进行调查，如地区规模、历史文物、当地居民的生活习惯、历史传统等。

4. 对用地现状进行调查，如地形、方位、建筑物、可以保留的古树、土壤、地下水位、排水系统等。

5. 对自然环境的调查，如对气温、日照天数、结冰期、地貌地形、水洗、地质、生物、景观等内容。

6. 规划设计图纸的准备，如现状测量图、总体规划图纸、技术设计测量图纸、施工所需测量图。

资料的选择、分析和判断是规划的基础。把收集到的上述资料做成图表，从而在一定方针指导下进行分析、判断，选择有价值的内容。随地形、环境的变化，勾画出大体的骨架，进行造型比较，决定大体形势，作为规划设计参考。对规划本身来说，不一定把全部调查资料都用上，但要把最突出、著名、效果好的整理出来，以便利用。在分析资料时，要着重考虑采用性质差异大的资料。

二、编写设计大纲工作

计划大纲是园林景观设计的指示性文件。明确设计的原则包括以下几个方面。

1. 明确该项目在该地的地位和作用，还有地段特征、四周环境、面积大小和游人容纳量。

2. 设计功能分区和活动项目。

3. 确定建筑物的项目、容纳量、面积、高度建筑结构和材料的要求。

4. 拟定规划布置在艺术、风格上的要求，园内公用设备和卫生要求。

5. 做出近期、远期的投资以及单位面积造价的定额。

6. 制定地形、地貌的图表，水系处理的工程计划。

7. 拟出园林分期实施的程序。

三、总体设计方案

在充分熟悉规划地区的资料之后，就进入了设计总体方案的阶段，对占地条件、占地特殊性和限制条件等分析，定出该地区的规模。

功能图是指组织整理和完成功能分区的图画。也就是按规划的内容，以最高的使用效率合理组合各种功能，并以简单的图画形式表示，合理组织功能与功能的关系。

园林绿地面积较大，地面现状较复杂，可将图号等大的透明纸的现状地形地貌图、植物分布图、土壤分布图、道路及建筑分布图，层层重叠在一起，以便消除相互之间的矛盾，做出详细的总体规划图。

总体设计方案阶段，需做出如下内容。

（一）位置图

要表现该区域在城市中的位置、轮廓、交通和四周街坊环境关系，利用园外借景，处理好障景。

（二）现状分析图

根据分析后的现状资料分析整理，形成若干空间，对现状做综合评述。可用圆圈或抽象图形将其表示出来。在现状图上，可分析该区域设计中有利和不利因素，以便为功能分区提供参考依据，如图 2-23 所示。

图 2-23　海口市万绿园规划设计方案之现状分析图

（三）功能分区图

根据规划设计原则和现状分析图确定该区域分为几个空间，使不同的空间反映不同的功能，既要形成一个统一整体，又要反映各区内部设计因素间的关系。

（四）总体设计方案平面图

根据总体设计原则、目标，总体设计方案平面图应包括以下内容：第一，场地与周围环境的关系：界线、保护界线、面临街道的名称、宽度；周围主要单位名称或居民区等；与周围园界是围墙或透空栏杆要明确表示。第二，场地主次出入口位置、道路、内外广场、停车场。第三，场地的地形总体规划、道路系统规划。第四，场地建筑物、构筑物等布局情况，建筑平面要能反映总体设计意图。第五，场地植物设计图。第六，准确标明指北针、比例尺、图例等内容。

（五）竖向规划图／地形设计图

地形是全园的骨架，要求能反映场地的地形结构。第一，根据规划设计原则以及功能分区图确定需要分隔遮挡成通透开敞的地方。第二，根据设计内容和景观需要，绘出制高点、山峰、丘陵起伏、缓坡平原和小溪河湖等陆地及水体造型；水体要标明最高水位线、常水位线和最低水位线。第三，注明入水口、排水口的位置（总排水方向、水源以及雨水聚散地）等。第四，确定园林主要建筑所在地的地坪标高，桥面标高，各区主要景点、广场的高程以及道路变坡点标高。第五，标明场地周边市政设施、马路、人行道以及邻近单位的地坪标高，以便确定场地与四周环境之间的排水关系；用不同粗细的等高线控制高度及不同的线条或色彩表示出图面效果。

（六）道路系统规划图

道路系统规划图可协调修改竖向规划的合理性，内容包括：第一，确定主次出入口、主要道路、广场的位置和消防通道的位置。第二，确定主次干道等的位置、各种路面的宽度、排水坡度（纵坡、横坡）。第三，确定主要道路的路面材料和铺装形式。

在图纸上用虚线画出等高线，再用不同粗细的线条表示不同级别的道路和广场，并标出主要道路的控制标高。

（七）绿化规划图

根据规划设计原则、总体规划图及苗木来源等情况，安排全园及各区的基调树种，确定不同地点的密林、疏林、林间空地、林缘等种植方式和树林、树丛、树群、孤立树以及花草栽植点等。还要确定最好的景观位置（透视线的位置），应突出视线集中点上的树群、树丛、孤立树等。图纸上可按绿化设计图例表示，树冠表示不宜太复杂，如图 2-27 所示。

图 2-27　海口市万绿园规划设计方案之种植规划分区图

（八）园林建筑规划图

要求在平面上反映出建筑在园林总体设计中的布局和各类园林建筑的平面造型。除平面布局外，还应画出主要建筑物的平面图、立面图，以便检查建筑风格是否统一，与景区环境是否协调等。

四、局部详细设计阶段

技术设计也称为详细设计，是根据总体规划设计要求进行局部的技术设计。它是介于总体规划与施工设计阶段之间的设计。

公园出入口设计包括：建筑、广场、服务小品、种植、管线、照明、停车场，如图 2-28 所示。各分区设计包括：主要道路、主要广场的形式；建筑及小品、植物的种植、花坛、花台面积大小、种类、标高；水池范围、驳岸形状、水底土质处理、标高、水面标高控制；假山位置面积造型、标高、等高线；地面排水设计；给水、排水、管线、电网尺寸；施工方式。另外，根据艺术布局的中心和最重要的方向，做出断面图或剖面图。

图 2-28　公园出入口设计

五、施工设计阶段

根据已批准的规划设计文件和技术设计资料的要求进行设计。要求在技术设计中未完成的部分都应在施工设计阶段完成，并做出施工组织计划和施工程序。在施工设计阶段要做出施工总图、竖向设计图、道路广场设计、种植设计、水系设计、园林建筑设计、管线设计、电气管线设计、假山设计、雕塑设计、栏杆设计、标牌设计；做出苗木表、工程量统计表、工程预算表等。

（一）施工总图（放线图）

表明各设计因素的平面关系和它们的准确位置。标出放线的坐标网、基点、基线的位置，其作用一是作为施工的依据，二是作为平面施工图的依据。

图纸包括如下内容：现有的建筑物、构筑物和主要现场树木；设计地形等高线、高程数字、山石和水体；园林建筑和构筑物的位置；道路广场、园灯、园椅、果皮箱；放线坐标网做出工程序号、透视线等，如图 2-29 所示。

图 2-29　施工总图

（二）竖向设计图（高程图）

用以表明各设计因素的高差关系。例如，山峰、丘陵、高地、缓坡、平地、溪流、河湖岸边、池底、各景区的排水方向、雨水的汇集点及建筑、广场的具体高程等。一般绿地坡地不得小于 0.5%，缓坡度在 8% ~ 12%，陡坡在 12% 以上。

图纸包括如下内容：

（1）平面图。依竖向规划，在施工总图的基础上标示出现状等高线、坡坎、高程；设计等高线、坎坡、高程等；设计的溪流河湖岸边、河底线及高程、排水方向；各景区园林建筑、休息广场的位置及高程；挖方填方范围等。

（2）剖面图。主要部位的山形、丘陵坡地的轮廓线及高度、平面距离等。注明剖面的起讫点、编号与平面图配套。

（三）道路广场设计

主要表明园内各种道路、广场的具体位置，宽度、高程、纵横坡度、排水方向；路面做法、结构、路牙的安装与绿地的关系；道路广场的交接、拐弯、交叉路口、不同等级道路的交接、铺装大样、回车道、停车场等，如图 2-30 所示。

图 2-30　湖南郴州广场设计

图纸包括如下内容：

（1）平面图。依照道路系统规划，在施工总图的基础上用粗细不同线条画出各种道路广场、台阶山路的位置。为主要道路的拐弯处注明每段的高程，纵横坡度的坡向等。

（2）剖面图。比例一般为 1∶20。首先画一段平面大样图，标示路面的尺寸和材料铺设方法，然后在其下方作剖面图，标示路面的宽度及具体材料的拼摆结构（面层、垫层、基层等）、厚度、做法。每个剖面都编号，并与平面图配套。

（四）种植设计图（植物配植图）

主要表现树木花草的种植位置、品种、种植方式和种植距离等。图纸包括如下内容：

（1）平面图。根据树木规划，在施工总图的基础上，用设计图例画出常绿树、阔叶落叶树、针叶落叶树、常绿灌木、开花灌木、绿篱、灌木篱、花卉、草地等的具体位置，还有品种、数量、种植方式、距离等。至于如何搭配，同一幅图中树冠的表示不宜变化太多，花卉绿篱的表示也应统一。针叶树可加重突出，保留的现状树与新栽的树应区别表示。复层绿化时，可用细线画大乔木树冠，但不要冠下的花卉、树丛花台等。树冠尺寸大小以成年树为标准，例如大乔木 5～6 米，孤立树 7～8 米，小乔木 3～5 米，花灌木 1～2 米，绿篱宽 0.5～1 米。树种名、数量可在树冠上注明，如果图纸比例小，不易注字，可用编号的形式，在图旁要附上编号树种名、数量对照表。成行树要注上每两株树距离，同种树可用直线相连。

（2）大样图。重点树群、树丛、林缘、绿篱、花坛、花卉及专类园等，可附大样图，比例用 1：100。要将组成树群、树丛的各种树木位置画准，注明品种数量，用细线画出坐标网，注明树木间距。在平面图上方做出立面图，以便施工参考。

（五）水系设计图

表明水体的平面位置、水体形状、大小、深浅及工程做法。

（1）平面位置图。依竖向规划以施工总图为依据，画出泉、小溪、河湖等水体及其附属物的平面位置。用细线画出坐标网，按水体形状画出各种水的驳岸线、水底线和山石、汀步、小桥等的位置，并分段注明岸边及池底的设计高程。最后用粗线将岸边曲线画成折线，作为湖岸的施工线，用粗线加深山石等。

（2）纵横剖面图。水体平面及高程有变化的地方都要画出剖面图，通过这些图表示出水体的驳岸、池底、山石、汀步及岸边处理的关系。

（3）进水口、溢水口、泄水口大样图如暗沟、窨井、厕所粪池等，还有池岸、池底工程做法图。

（4）水池循环管道平面图。在水池平面图的基础上，用粗线将循环管道走向、位置画出，标明管径、每段长度、标高以及潜水泵型号，并加简单说明，确定所选管材及防护措施。

（六）园林建筑设计图

表现各景区园林建筑的位置及建筑本身的组合、尺寸、式样、大小、高矮、颜色及做法等。例如，以施工总图为基础画出建筑的平面位置、建筑底层平面、建筑各方向的剖面、屋顶平面、必要的大样图、建筑结构图及建筑庭院中活动设施工程、设备、装修设计。画这些图时，可参考建筑制图标准。

（七）管线设计图

在管线规划图上，标示上水（消防、生活、绿化用水）、下水（雨水、污水）、暖气、煤气等各种管网的位置、规格、埋深等。

（1）平面图。在种植设计图上，标示管线机各种井的具体位置、坐标，并标明每段管的长度、管径、高程以及如何接头等，每个井都要有编号。原有干管用红线或黑的细线表示，新设计的管线机检查井，则用不同符号的黑色粗线表示。

（2）剖面图。画出各号检查井，用黑粗线表示井内管线及截门等交接情况。

（八）电气管线设计图

在电气规划图上，将各种电器设备、绿化灯具位置及电缆走向位置标示清楚。

在种植设计图上，用粗黑线表示出各路电缆的走向、位置及各种灯的灯位及编号、电源接口位置等。注明各路用电量、电缆选型敷设、灯具选型及颜色要求等。

（九）假山、雕塑、栏杆、踏步、标牌等小品设计图

做出山石施工模型，便于施工掌握设计意图，参照施工总图及水体设计画出山石平面图、立面图、剖面图，注明高度及要求。

（十）苗木统计表及工程量统计表

苗木统计表包括编号、品种、数量、规格、来源、备注等，工程量包括项目、数量、规格、备注等。

（十一）设计工程预算

包括土建部分（按项目估计单价，按市政工程预算定额中的园林附属工程定额计算出造价）和绿化部分（按基本建设材料预算价格制出苗木单价，按建筑安装工程预算定额的园林绿化工程定额计算出造价）。

五柳风帆景观设计制作过程

项目名称：济南市小清河综合整治一期园林景观工程五柳岛主题景观设计

工作团队：山东工艺美术学院现代手工艺学院

设计师：王德兴

项目背景：小清河综合整治一期工程西起林家桥，东至济青高速公路。此设

计是由上海现代建筑设计有限公司、浙江大学、北京土人设计等共同提出的概念性方案，并由济南园林设计院进行景观深化设计。本次只对小清河南岸及五柳岛进行了深化设计。五柳岛为河心公园，东西长 1 000 米，占地 4.8 公顷。南岸景观带全长 131 000 米，上游宽 20 米，下游土渠段逐渐变宽至 49 米，面积为 30.1 公顷。

设计原理与理念：景观设计本着点线结合的设计原则，运用一条连续蜿蜒的景观河道走廊串起了不同空间主体功能区，使河道中水的灵韵与周围的景观相呼应，突出"绿色清河、运动清河、文化清河"的理念。

整个项目的方案设计程序、安装过程如下所述。

一、方案设计程序

1. 资料收集

了解项目背景，了解济南市小清河综合整治一期园林景观工程的总体规划，熟悉五柳岛周边的文化背景。

2. 基地调研

走进小清河综合治理现场，通过实地环境与规划方案，加深对小清河综合治理工程的了解，为今后的设计提供直接的场地信息。

3. 策划

讨论雕塑的尺度、形式、材料及布局等关键属性，对景观所要传达的信息和特征进行总体策划。

4. 概念

具体思考和设计景观的主体概念，从宏观和微观的角度思考概念的本源，收集五柳岛的具体资料。

5. 概念深化

从众多方案中选出最佳方案，并将概念深化。考虑实际的条件和限制因素，从结构、材料、空间形式等方面开展具体设计。综合考虑荷载、抗风、抗震、抗雷等因素，结合新的技术方式，使最终概念详尽，视觉力强。

6. 设计表达

运用图纸、实物模型、视频播放、PPT 等方式向施工人员、技术人员进行设计表达，力求准确传达景观的概念。如图 2-31 所示为五柳风帆景观的三维模型。

图 2-31 五柳风帆景观三维模型

7. 设计成果

五柳风帆景观高 23 米，重约 38 000 千克，建设工期为 5 个月。景观由 3 个立面组成，正立面由 3 片错落的柳叶构成，两个后侧面分别呈现一片柳叶。主体景观十分巧妙而完美地将这五片柳叶变形后融入了现代景观的设计理念，整体造型显得挺拔、流畅、雅致。

城市景观的造型借助了五柳岛自然的地形风貌，五柳岛形似一艘巨大的帆船，而五柳风帆正置于五柳岛的中心，恰如五柳岛的核心船舱，挺拔而柔美的主体景观既似五片柳叶，又似正在启航的风帆。景观采用的不锈钢管网架镂空结构，外观通透，可直接观赏到景观形态的不同方位的效果，使观者产生共鸣。景观的所有骨架连接管均为镂空结构，且暴露在外，不锈钢管架既要充当结构支撑，又要满足景观造型的完整性、艺术性，要求所有部位都有良好的外观效果。如图 2-32 所示为五柳风帆景观效果图。

五柳岛中心区域为党史纪念地，作为 20 世纪 30 年代中共济南市委重建地，设置中共济南市委重建旧址纪念碑。另外，五柳闸遗址将修建纪念碑，并在旁边设林荫广场，提供休息健身场地。最西侧还将建设一处纯自然的小岛，岛边遍植垂柳，地面以草皮覆盖。

图 2-32　五柳风帆景观效果图

二、安装制作过程

根据五柳风帆景观制作安装的实施情况，制订以下工艺流程。

（1）工程管理人员逐步到位，具体安排协调安装前的所有准备工作。

（2）钢架安装人员进入现场，接通电源，工具进场。

（3）将制作好的风架组件、不锈钢管和不锈钢板装车起至小清河景观安装现场。

（4）安装人员清理现场，合理选择日常生活和工作场地。场地清理完毕后，选择在雕塑基础北面空地开始进行竖向主造型钢架的对接组合。按 A0 ～ A4（直径 325×16)(单位：毫米)、A5(直径 299×14)、B0 ～ B4(直径 325×16)、B5(直径 299×14)、C0 ～ C3（直径 325×16）、C4（直径 299×14）、D0 ～ D3（直径 273×14)、E0 ～ E3（直径 273×14）、F0 ～ F1（直径 273×14）、G0 ～ G3（直径 273×14)、H0 ～ H2（直径 273×14)、J0 ～ J4（直径 273×14）、K0 ～ K2（直径 273×14）的顺序，依次进行每一号段的组合。组合过程中应先用水平仪测出每一段的水平线，定位好，确保无误后再焊接牢固。

（5）每一号段的造型钢架组装完毕后，都必须用临时钢管进行加固，以确保在下一步主钢管进入钢架造型内部时，能有效防止变形。将每一号段造型分割成两半，在造型内准确定位，再进行焊接。由探伤单位进行现场探伤并出具探伤报告，报告合格后，把每段分割成两半的造型再重新组合到一起。

（6）每号段造型组合调整完毕后，用起重机将 A ～ K 组在地面组装起来。先把 B ~ F 组组装在一起，再把 A 组和 B ~ F 组组装在一起，然后再将 K 和 H 组、G 和 J 组分别组合到一起。在组装过程中，位置达不到的都要搭设临时脚手架。每两个号段在组装完结后都要检查一下，确定位置是否准确。以此类推，直至组装完结。全部准确后，再进行下一步直径为 159 毫米的横管的安装。

（7）首先，将直径为 159 毫米的横管按照雕塑 3 面划分，按照横管的弧形尺寸对每面、每一段进行分类并下料；无误后打坡口，修边，再固定，焊接牢固。用临时钢管加固，并调整为同一水平，确保无误后，用两台起重机（1 台 50 000 千克、1 台 25 000 千克）进行下一步的整体吊装。其中 A 组和 C 组之间面上的横管暂不安装，为 K 和 H、G、J 两级的空中安装让步。

（8）吊装前联系好起重机，检查起重机停泊位置是否合理、吊装点是否牢固，确定预埋钢板的位置是否准确，初步定出一个水平位置，将准备工作做好后再开始吊装。同时应准备联系脚手架架管、卡子等工具进场，主管吊装完结后直接搭设脚手架。

（9）吊装时，用两台起重机同时吊装，50 000 千克的起重机吊顶部，25 000 千克的起重机吊底部，同时水平吊起。当景观整体离开地面后，50 000 千克的起重机继续上吊，而 25 000 千克的起重机开始缓慢松钩，形成垂直度，放到预埋钢板的位置。到位后整体调节方向，看准水平位置是否准确；如果不准确，要找出问题，并进行调整。准确后，定位进行焊接。焊接牢固后，起重机可以松钩，脚手架工开始搭设脚手架。

（10）搭设脚手架时，架管与景观之间的距离不小于 30 厘米，同时不大于 35 厘米。A 组和 C 组之间的面暂不搭设脚手架。待 K 和 H、G、J 两组安装完毕后才可搭设脚手架。先吊 G 组和 J 组，再吊 K 组和 H 组，每组吊装到位后，要精确调整水平、垂直位置，再进行焊接牢固。之后将 A 组和 C 组钢管之间的面上直径为 159 毫米的横管安装到位，确保水平，同时搭设脚手架。

（11）横管全部安装到位后，再对 A ~ K 组钢架进行 0.3 厘米封板。封板时进行调整、打坡口、修边、焊接、打磨，使景观表面保持光滑、平整，线条流畅，确保美观。

（12）安装直径为 114 毫米的竖管时，应先安装 A 组和 B 组之间面上的竖管，再安装 K 和 H、G、J 两组之间的竖管。安装完毕后进行焊接、打磨、抛光。

（13）全部安装完毕后，进行验收，核验后，喷漆工作人员自上而下在景观表面喷涂保护膜。

（14）进行竣工验收，合格后拆除脚手架，并清理现场。

第三节　现代园林景观设计流程要考虑美学特色

城镇化是我国现代化建设的历史任务。对我们年轻的景观设计师来说，景观设计将迎来前所未有的发展机遇。提高城镇化景观设计质量、设计与艺术美学的完美结合，是未来城镇化景观设计研究的主要课题之一。近年来，设计已经涵盖人类社会的各个方面。随着人们生活水平的不断提高，人们对设计所带来的外观视觉有了更多美感的需求与渴望。艺术美学已经成为现代设计理论中十分重要的实践范畴。景观设计作为城镇化中一个重要的组成部分，兼容了建筑、环境、人的关系。下面从景观设计与艺术美学的角度，探究城镇化景观设计的总体发展趋势和现代理论方向。主要从中国传统的景观设计美学思想、现代景观设计的主流艺术美学观点、景观设计与艺术美学体现的公共性这三个方面分别进行了阐述。

一、中国传统的景观设计美学思想

在中国 3000 多年的历史发展过程中，传统的景观设计美学思想形成了世界上独具魅力的体系。以皇家、私家、寺庙为论，百家争鸣，互补互尊，互相影响，逐渐完成了景观建筑园林设计重视整体的美学观念。其中，尤以皇家颐和园、私家苏州园林最为突出。其中包含了"天人合一"的美学思想，倡导自然和人类和谐相处，它是中国传统景观设计美学思想体系的核心，如在景观建筑与真山真水诸多要素之间，表现和谐统一之美。道家的"道法自然"表达了筑山理水之时保持对大自然的亲和、崇敬，顺势而为。佛家的修身养性，讲究内心自省。逐渐渗入景观建筑园林创作实践领域，如"天台宗僧侣创设的净土信仰建筑"影响了世俗的景观设计。中国传统的景观设计以其博大精深的美学思想，高度提炼的艺术内涵，创设出了和谐妙造、美丽、自然的景观，独树一帜，对世界景观建筑园林设计做出了贡献。

二、现代景观设计的主流艺术美学观点

现代景观设计缘起蒸汽机的发明带来的产业革命，产业革命使农业社会过渡到了工业社会。人类从自然界掠夺性开发，将传统的人与自然的亲和关系转变为对立，导致了自然环境的恶劣。一些有识之士开始致力于自然保护。英国学者霍华德写的《明日之田园城市》等，形成了现代景观建筑园林的美学思想。其后，兴起的生态学又为其注入了新鲜血液。在此基础上，进行了现代景观艺术审美的

构思设计。在后工业化的今天，城镇化的景观设计已不再局限于建筑群体，正在发展成涉及广泛学科的新兴综合性专业。建筑、园林、地理、规划、生态、环保、物理、化学、经济、历史、艺术等领域，你中有我，我中有你，彼此关系密不可分。其核心是改善人与自然的关系，强调遵从自然法则，重视治理污染，即天人合一、道法自然。还城市一片净土，达到天、地、人的统一。从客观规律看，现代景观设计的主流艺术美学观点已经与中国传统的景观设计美学思想达成了一致。

三、现代景观设计与艺术美学体现的公共性

由于景观设施处于公共场所的展览需要、移动互联网高速发展背景下大众口味多元化以及公众话语传播的积极参与，景观设计逐渐承担了社会职责，景观设计师们要了解其公共的艺术美学内涵。首先，从景观设计功能、大众传播角度来说。以现代化城镇街道景观设计为例，街道是城市景观设计公共开放的一部分。现代主义的景观设计街道仅注重了交通的功能性。今天我们已经认识到，一个城市的街道网络体现着这个城市的外在形象，它具有艺术美学的适宜性。著名的城市哥本哈根的景观建筑设计，为我们的城镇化景观设计带来了很好的启迪。由于哥本哈根常有风，景观设计师赋予这些景观建筑以引导性。当风吹过时，景观建筑的存在使城内比城外温和。这体现了人文关怀，给予了公众一个宜人的环境。相反地，一些城市的建筑如果存在设计缺陷，非但不能减弱风力，反而形成了强烈的风口，形成卷风，吹得风沙弥漫。不仅影响公共设施的美化，也给公众带来了不安全因素。一些高层景观建筑物周围的风力可能比周边风力要强上几倍。

其次，从心理需求、审美需求来讲，街道景观的设计要有地域的识别性、文化性。随着人们生活水平的日益提高，旅游业、休闲业都发展起来了，更加需要景观设计突出地域特色。例如德国"啤酒城"慕尼黑，形成了街道、广场等公共地标性景观设计。不仅满足了旅游休闲的现代人的心理审美，给予了其心理依赖，也提升了城市文化品味和艺术层次，成为最具特色的城市特征之一。拉近了人与景观之间的距离，吸引了各地的人们来此游览、漫步、休息或驻足，令人愉悦流连、难以忘怀。

目前，现代景观设计的主流艺术美学观点是更加重视保护古老的街道景观。例如，罗马分为罗马古城和新城。古城景观虽然古老，但带有地域特色的老的景观建筑群体现着一个城市本质的传统内涵。只有摩天大楼的城市是无趣的。没有了城市自己的特色，只会给公众带来心理和生理上的审美疲劳。随着后现代主义艺术美学理论的出现，国内外很多景观设计开始进行地域性艺术美学探索和实践，如创建具有满族文化特色的旅游型小城镇，整体建筑既体现了满族特色，又融合

了现代风格。既吸引着公众的审美关注，又服务于公众的旅游所需。

总之，通过以景观设计为视角的城镇化艺术美学研究，人们了解到其总体发展趋势和现代理论方向。大工业时代，城镇化景观设计具有广阔的应用前景。景观设计不仅具有多元的公共性，而且已经成为当代的公共艺术，开始承担起展示地域性艺术美的重要角色。在全球化的视野下，现代景观设计师们正在通过科学合理的方式方法，一边吸收消化传统艺术美学精华，一边发展创新地方特色品牌。致力于传统的、地域的与后现代艺术美学的融合，实现人与自然和谐相处，建设美丽中国已经成为年轻景观设计师们的崇高使命。

四、现代园林景观设计中的美学应用

景观就是人和环境之边际存在的美，其本质是一种人和环境之边际的文化信息。美的本质是主体尺度和自然形式的统一，是一种范围更大的国际文化信息。美可分为社会美、自然美和艺术美，这三类美中凡是在人和环境之边际存在的部分都属于景观美的范畴。现今在园林景观设计中，艺术美学的运用是相当灵活与突出的，人们对园林景观在美学的评断上有着越来越高的眼光与要求，这就需要园林景观设计者在设计中充分运用现代美学引领大众审美。而设计美感的关键在于布局的完整合理、对称与平衡元素的运用和排列节奏与韵律等章法方面。实现以上几个设计关键点的合理运用，才能在符合美学标准的情况下，给人们带来良好的视觉体验。

（一）视觉元素运用

园林景观设计艺术需要保证其艺术性能在视觉上给予人们足够丰富的审美享受。同时，巧妙地运用视觉元素能很好地提升景观设计的美感，植物与动物，甚至假山建筑的不同形态能给人不同的感受。在中国传统文化背景下，如植被中的松树能给人苍劲挺拔的感受，梅花有高雅的冷艳之感。而景观设计巧妙地运用每一种视觉元素，让各种元素相互配合达到和谐的效果，使园林景观整体给人以不同的视觉享受。在园林景观中适当地增添一潭池水与小水车，修一道小桥或一座小凉亭等景物元素，就能给人耳目一新的感受，在增添浓浓诗情画意的同时，提升了设计的韵味美感。动物方面，水中饲养的锦鲤、野鸭或天鹅，林中的布谷鸟和喜鹊，都能为园林景观设计增加无限生机。一座园林的面积和空间是有限的，为了扩大景物的深度和广度，丰富游赏的内容，除了运用多样统一、迂回曲折等造园手法外，造园者还常常运用借景的手法，收无限于有限之中。园林景观中的借景元素有收无限于有限之中的妙用，借景分近借、远借、邻借、互借、仰借、俯借、应时借 7 类。其方法通常有开辟赏景透视线，去除障碍物；提升视景点的高度，突破园林的界限；借虚景等。借景内容包括借山水、动植物、建筑等景物；借人为景物；借天文气象景物等。例如，北京颐和园的"湖山真意"远借西山为背景，近借玉泉山，在夕阳西下、落霞满天时赏景，景象曼妙，有意识地把园外的景物"借"到园内视景范围中。借景是中国园林艺术的传统手法。

（二）色彩元素

作为美学应用中最具有代表性的一类元素，色彩的使用在园林设计中能给人以最鲜明和直接的感受，不同的色彩结合能使人产生不同的心理效应。属于暖色系而明亮的颜色会让人感到热情洋溢和温暖，如红、黄、橙色等，这一类颜色通常会运用于喜庆的场合，用以营造热闹欢乐的氛围；以蓝青色为主的冷色系就会给人一种庄严、安静的感觉，这一类的颜色常用在比较正式而严肃的场合；绿色给人的感受是充满生机与赏心悦目的，并且能舒缓视觉的疲劳，在园林景观设计中绿色的运用是必不可少的，大片的绿色植被与点缀的花朵颜色形成鲜明对比，给人一种清爽愉悦的感受，还能增添整体效果的层次感与立体感。

（三）升华景观意境

园林景观设计不仅要尽力使景观的外在自然、美观、和谐，更要注重设计中使用的元素细节体现出某种价值与底蕴，这就要求设计师在项目设计时注重意境的营造，使园林作品充分体现出要表达的意境。将景物与地域文化有机结合，可以利用描写景物的诗句增添园林景观设计的诗境，把诗的思想在园林景观中表现出来。尽量使用可以让人联想到诗句的植物与景物，让景观作品充满人文生命气息和艺术性。如诗如画的景色，富有意韵的生活园景，能使人们观赏美景时陶醉其中，甚至还能让作者与自然产生共鸣。

（四）实现生态美

生态美传达出的艺术信息包括人与自然和谐相处的理念、节约资源可持续发展的相关发展原则。在进行园林景观设计时，要充分体现出设计师对自然的尊重、对资源的节约、对生态环境的爱护等理念。设计中可以运用多种景物元素，包括动植物的应用，确保园林景观中的能量是循环与流动的，在有效利用空间的同时，有机地节约能源，并且提高园林景观的层次感。在动植物元素的选择方面，要选择当地的物种，避免外来生物入侵造成环境的破坏，同时避免了非本地动植物由于无法适应当地环境造成的无法生存的情况。

（五）从质朴中体现美感

质朴是园林景观设计的一个常用元素，景观设计中自然、质朴、简单的美感留给人们想象的空间。质朴元素的充分发挥与体现，应注意各个设计元素的和谐统一，从各个角度加以细化与雕琢，使之具有平淡自然而富有现代艺术气息的美感。现代优秀园林景观作品中有许多具有代表性的实例，如色彩与建筑线条都不算十分饱满的杭州西湖，运用各个景物相互配合的特点，使之达到了一种和谐之美，每处景致的错落浑然天成，使人对西湖美景流连忘返。另外，日本的园林山水，以质朴的卵石等与植被营造，以小见大，反映对生命的哲思。

（六）靠水体转化自然

园林景观中对植物、山水等元素的设计能很好地体现人与自然和谐相处的理念，因此对水体进行恰到好处的运用，能为园林景观增添亮色，给人眼前一亮的感觉。设计时应突出水体的动态与静态的美感，声效与光效相结合，使水体与周围景物自然、和谐地结合起来。

（七）点、线、面的有机结合

艺术的特点就是可以将每一种图形简化为点、线、面的结合，园林景观设计同样不可缺少点、线、面的元素。将景物的线条简化，并且相互联系起来，使之能合理、和谐，在有序中不乏灵动，是园林景观设计要追求的结果，使各种不同景物的结合给人一种美感。植物、假山、凉亭、雕塑等元素都可以简化为一个个具有美化效果的点，这些点的存在是具有聚集性的，单独存在时能吸引人们欣赏的目光，母体重复分布时又能给整个园林设计以节奏韵律的美感。在线的运用上，可以将道路、栏杆、长廊等简化为一条条的线，它们的长短、粗细、曲直都能对视觉的美感产生影响。在园林景观设计中，线的运用可以是错落有致的，这样能给人一种不死板、不僵硬的视觉美感，使整个园林景观充满灵动性。在面的运用上，为了避免产生过于空旷、单调的错觉，在设计上可以采取不同花纹图案的填充，或各种不同形状、不同比例的组合，或使用喷泉、雕塑、植物等将一些单调的水面、地面等进行适当修饰，以使整个园林的设计饱满和丰富起来，避免乏味的内容，给人一种视觉上的享受。大的块面构成要确保景物与景物之间有可以进行连接与走动的路径，以方便工作人员对其进行打理，避免路径不相通造成部分景观易被破坏的现象。

在园林景观设计中，不仅要注意各类景物元素的使用，还要运用美学原则使局部环境与整体环境相互融合，做到整体的和谐与统一，并且给予人们想象得以发挥的空间。因此，需要园林设计师终身学习，不断更新与丰富自己的设计理念，提升设计技能，提高艺术水平，并且将自身所学灵活运用到设计中。在设计时要注意能源的循环利用，做到人与自然和谐相处，体现可持续发展的观念，实现生态美，灵活运用水体转化自然，提高整体设计的灵动性与生机。同时，将点、线、面有机结合，灵活使用色彩元素和视觉元素，注重景观意境的升华，从平淡中提升美感，使景物之间自然结合，避免生硬与不和谐。设计时要使整体设计效果具有层次感与立体感，使人们拥有更和谐而美观的生活环境的同时，营造一种有韵味的生活园景，提高人们的生活质量，提高园林景观设计的水平，促进园林景观设计学科的发展与进步。

第三章　现代园林景观设计的布局

　　同所有的艺术设计学科一样，现代园林景观设计也有自己的设计依据及原则，供园林景观设计者们学习和思考。现代园林景观设计要依据社会需要、功能要求等，遵循科学性与艺术性相结合，"以人为本"，生态、经济、美观等原则。从现代园林布局方面分析，应遵循"构园有法，法无定式；功能明确，组景有方；因地制宜，景以境出；掇山理水，理及精微；建筑经营，时景为精；道路系统，顺势通畅；植物造景，四时烂漫"的原则，将园林布局成适宜人类生产、生活，符合园林设计原则的现代化园林。

第一节　现代园林景观设计的依据与原则

一、现代园林景观设计的依据

　　园林设计的目的不仅是使园林风景如画，还应该遵循人的感受，创造出环境舒适、健康文明的游憩境域。园林景观设计不仅要满足人类精神文明的需要，还要满足人类物质文明的需要。园林是反映社会艺术形态的空间艺术，园林要满足人们的精神文明的需要；园林又是现实生活的实境，所以还要满足人们娱乐、游憩等物质文明的需要。

　　园林景观设计需要遵循自己的依据，只有这样才能从立体的全方位的角度进行园林艺术创作。

（一）园林景观设计应首要遵循科学依据

　　在任何园林艺术创作的过程中，要依据有关工程项目的科学原理和技术要求进行。例如，在园林设计中，要结合原地形进行园林的地形和水体规划。设计者必须详细了解该地的水文、地质、地貌、地下水位、土壤状况等资料。如果没有翔实资料，务必补充勘察后的有关资料。

可靠的科学依据为地形改造、水体设计等提供了物质基础，为避免产生塌方、漏水等事故提供了保障。

此外，种植花草、树木等要依据植物的生长要求，根据不同植物的喜阳、耐阴、耐旱、怕涝等不同的生态习性进行配置。违反植物生长的科学规律将导致种植设计的失败。

植物是园林要素的重要组成部分，而且作为唯一具有生命力特征的园林要素，能使园林空间体现生命的活力，富于四时的变化。植物景观设计是 20 世纪 70 年代后期有关专家和决策部门针对当时城市园林建设中建筑物、假山、喷泉等非生态体类的硬质景观较多的现象再次提出的生态园林建设方向，即要以植物材料为主体进行园林景观建设，运用乔木、灌木、藤本植物以及草本等素材，通过艺术手法，结合考虑各种生态因子的作用，充分发挥植物本身的形体、线条、色彩等自然美，创造出与周围环境相适宜、相协调并表达一定意境或具有一定功能的艺术空间，供人们观赏。

园林建筑、园林工程设施也需要遵循科学的规范要求。园林设计关系到科学技术方面的很多问题，有水利、土方工程技术方面的，有建筑科学技术方面的，有园林植物方面的，甚至还有动物方面的生物科学问题。因此，园林设计首先要有科学依据。

遂宁河东新区滨江景观带规划是中国最优秀的滨水专业设计工作室所做，该工作室从科学的角度对滨水地区的特殊地形进行实地考察和评估，做出一系列符合滨水地区的景观设计方案。因遂宁有观音文化之乡的美誉，所以规划通过融合商业、传承文化、回归生态的方式，以及创造体验空间与旅游度假的多功能复合型城市模式，在景观带中设置了运动休闲区、生态体验区、时尚商业区、绿色主题区等多个功能区，打造了一条文化体验之路、人与自然和谐相处的旅游长廊和一个区域经济新兴产业带，如图 3-1、图 3-2 所示。滨江景观带就从科学的方法入手，对特殊地貌地形进行了科学的评估之后从设计方案开始，对景观带进行规划，设计出了符合旅游度假和环境保护的区域经济新兴产业带。

图 3-1 遂宁河东新区滨江景观带规划效果图　　图 3-2 遂宁河东新区滨江景观带规划

（二）园林景观设计要依据社会需要

园林属于上层建筑范畴，它要反映社会的意识形态，满足广大群众的精神与物质文明建设的需要。

现代园林是改善城市四项基本职能中游憩职能的基地。因此，现代园林景观设计者要体察广大人民群众的心态，面向大众，面向人民，了解他们对公园开展活动的要求，创造出能满足不同年龄、不同兴趣爱好、不同文化层次游人的需要。

在美国乔伊斯·阿格伦·汉纳福德私人花园，女主人一直从事她的花园工作，并坚持了 11 年。她的花园在房子附近，占地面积是房子的四分之一。房子被花园簇拥着，常年绿树花红，是一个引人注目的社区地标，如图 3-3、图 3-4 所示。通过整理花园，花园中的花不仅满足了个人的精神需要，同时美丽的花簇、红墙白瓦的组合引来该地区居民的驻足，也满足了观赏者们的精神需求。

图 3-3　私人花园植物景观　　　　　　　图 3-4 私人花园喷泉水景景观

美国加州莫罗湾帕索罗布尔斯山脉的建筑既是一个酒庄建筑，又用于居住住宅。在其庭院里可以看到很多巨大的岩石藏匿于葡萄园的植被、四周围墙以及池塘小道之下，是一个极具震撼的景观设置，如图3-5所示。庭院内还种植了很多地中海植被以及本土灌木，春季可谓花的海洋，而在秋季可以看到一片片金黄色的鹿草、芦苇在风中摇曳。与私人花园不同，酒店花园强调环境的纯净、视野的开阔及设备的先进。可见，不同的花园功能不同，其设计依据也有所不同。该酒店花园是面对具有高品位的人群，符合他们的欣赏水平和兴趣爱好。

图3-5　美国莫罗湾的一处酒店花园

（三）园林景观设计要依据功能要求

园林景观设计者要根据广大群众的审美要求、活动规律、功能要求等方面的内容，创造出景色优美、环境卫生、情趣健康、舒适方便的园林空间，满足人们精神方面的需求，满足游人的游览、休息和开展健身娱乐活动的功能要求。

园林空间应当具有诗情画意，处处茂林修竹、绿草如茵、山清水秀，令人流连忘返。

不同的功能分区要选用不同的设计手法。例如，儿童活动区就要求交通便捷，靠近出入口，并结合儿童的心理特点设计出颜色鲜艳、空间开阔、充满活力的景观气氛。

（四）经济条件是园林景观设计的要点

经济条件是园林设计的重要依据。同样一处园林绿地，甚至同样一个设计方案，采用不同的建筑材料、不同的施工标准，将会有不同的建园投资。当然，设计者应当在有效的投资条件下发挥最佳设计技能，节省开支，创造出最理想的作品。一项优秀的园林作品，必须做到科学性、艺术性和经济条件、社会需要紧密结合，相互协调，全面运筹，争取达到最佳的社会效益、环境效益和经济效益。

圣托明戈图书馆及其宽敞的公共空间为波哥大乌萨肯北部地区及苏巴地区的人们提供了极大的便利。与其说它是一座图书馆，不如说它是一座文化中心，它可以为不同的教育以及跨学科活动提供场地。文化中心坐落在一座面积为 55 000 平方米的公园绿地内，有力支持和补充了以自然为中心的精神，体现了知识的导向性作用。图书馆和公园之间存在一种必然的联系。图书馆和文化中心的访客可以在公园内稍作休息或在此散步，同时可以通过从建筑内部眺望自然风景而得到灵感的激发。这种联系体现外部流动的风景，可以通过建筑物的开放空间进入建筑内部，如图 3-6 所示。

图 3-6　哥伦比亚圣托明戈图书馆公园景观设计

二、现代园林景观设计的原则

园林景观设计对城市及人居生态环境的改善有着举足轻重的作用，但目前还存在很多弊端，很多研究者和设计者只局限于其科学性和艺术性的方面进行研究和设计，忽视了正确、全面的思想行准则。因此，在进行园林景观设计的过程中，有必要寻求正确、全面的思想准则，以便规划园林景观设计的尺度。

（一）遵循科学性与艺术性原则

园林景观设计要遵循科学性与艺术性完美结合的原则，中国古典园林是科学与艺术完美结合的典范，外国园林中修葺整齐的树木和排列整齐的喷泉也体现了科学与艺术完美的结合。

明代造园家对中国园林的境界作出评价时提到："虽由人作，宛自天开"。在中国古典园林景观设计中强调的"天人合一"就是强调园林景观的综合性。中国美学家李泽厚先生认为，中国园林是"人的自然化和自然的人化"。这都与"天人合一"的综合性宇宙观一脉相承。其中，"人"和"人的自然化"反映科学性，属于物质文明建设，而"天开"和"自然的人化"反映艺术性，主属精神文明建设。

中国人对景观的欣赏不单从视觉考虑，而要求"赏心悦目"，要求"园林意味深长"。可见，无论是城市环境还是园林景观都要强调科学与艺术结合的综合性的功能。

　　沈园位于鲁迅中路，至今有 800 多年历史，是绍兴古城著名的古典园林。该园林除建筑古朴、赏心悦目之外，还有一段悲怆的爱情故事藏于其中。这段爱情故事是陆游与爱妻唐婉的故事，南宋时期陆游与唐婉在被迫分离 7 年之后在此重逢，如图 3-7 所示。沈园的建设充分体现了精神与物质相结合的思想。如今，人们在游沈园时，除了欣赏古典园林之外，更多的是感受人世间的爱情，沈园如今已经成了绍兴的爱情主题公园。可见，该园林已然成为物质与精神的共同体。

图 3-7　绍兴沈园

（二）遵循以人为本原则

　　现代园林景观设计应遵循以人为本的原则。人类对于美好生活环境的追求，是园林景观设计专业存在的重要原因。

　　社会的发展非常重视对人的尊重，园林设计者提出"以人为本"的设计原则。园林景观的营造是着力于人的行为与心理需要，注意到人的健康需求，引入遵从自然的生态设计理念，努力创造良好的人居环境。

　　湛江市渔港公园位于湛江市霞山观海长廊北端，西临海滨宾馆，东濒湛江港，南靠海洋路，为简易绿化滨海滩地，如图 3-8、图 3-9 所示。设计主题为渔人、渔港、渔船、渔家。雷州半岛的渔港风情与渔家文化突出区域性、生态性和人文性特色，坚持"以人为本"的理念，为市级综合性滨海公园。

图 3-8　湛江渔港公园路边景观

图 3-9 湛江渔港公园植物景观

　　现代园林景观已经不只是公共场所，它已经涉及人类生活的方方面面，虽然园林景观的设计目的不同，但园林景观设计最终关系到为人类创造室外场所。为普通人提供实用、舒适、精良的设计是景观设计师追求的境界。

　　位于福隆里港的南乃海滩度假村以其独特的临海优势以及舒适的服务、浪漫的氛围而闻名，也是不可多得的蜜月旅行之地。这个度假村有面积达 6 000 平方米的巨大泳池，泳池在不同的休闲区域功能各异。整个度假村有 42 个公寓住宅和 49 处别墅住宅设计，同时还配备极具巴西风情的餐厅、酒吧、沙滩酒吧等，为游客带去无尽享受，如图 3-10 所示。巴西南乃海滩度假村就成为现代园林景观设计中造园与人类生活完美结合的典范，具有现代主义风情的巴西南乃海滩度假村不仅绿树成荫、海边风情浓郁，而且在景观布置、植物搭配等方面充分体现了人性化的特征，符合人们度假休闲的心境。

（a）　　　　　　　　　（b）　　　　　　　　　（c）

图 3-10　巴西 nannai 海滩度假村

（三）遵循生态原则

园林景观设计应遵循生态原则。随着人们环境保护意识的增强，对园林景观的要求开始逐步向生态方向发展。在园林景观设计中，追求生态目标也与构建生态型社会的目标一致，因而遵循生态原则成为园林景观设计的原则之一。

园林景观设计是对户外空间的生态设计，但从根本上说应该是人类生态系统的设计。因此，再生、节能等理念的实施成为构建生态型园林景观的必备要素，从而实现生态环境与人类社会的利益平衡和互利共生。

片面追求传统的视觉效果或对资源进行掠夺式开发显然不符合如今对园林景观设计生态原则的要求。追求资源的循环利用，推行生态设计，达到人与自然的和谐共生，才是如今实现生态环境与人类社会互利共生的必备之路。

遵循生态原则在园林景观设计的过程中贯彻低碳、环保概念，减少高碳能源的消耗，从而达到经济社会发展与生态环境保护的和谐发展。

追求生态保护、注重生态恢复，并应用于实践，是园林景观设计的一种原则，也是园林景观设计者们的一种职业精神。

Arkadien Winnenden 原本是德国斯图加特郊区的一个厂区，现在被改造成风景优美的生态住宅村。项目于 2012 年春季完工，包含公园、花园和雨水回收的水景，提供了具有可持续性的廉价住宅，如图 3-11 所示。项目旨在为居民家庭提供价格合理的健康住宅，遵循了周边区域较大的建筑密度，从而以尽量低的成本提供尽量多的住宅。项目场地原来是工厂厂区，为创造适宜居住的健康场地，项目对土地、土壤都进行了大量改造处理工作。生态村有效地控制车辆进入，规定车辆必须停放在划分好的停车点或地下停车库，从而腾出更多用于花园、街道和人行道的空间，此举同时也鼓励了人们步行或骑车出行，并提升了儿童玩耍的安全。项目所有住宅都达到了节能环保目的，采用具有生态友好性的无毒材料，并要求建造方尽量使用当地材料。针对该区域丰沛的雨量，项目设计的防洪手段在暴雨来临时对住宅起到保护作用。当地植物和绿色屋顶带来新的城市栖息点，并清洁了居民的生活环境。项目普遍采用雨水收集措施，将雨水储存在蓄水池中，用于水景、洗手间、景观和花园灌溉。

（a）　　　　　　　　　（b）

图 3-11　德国 Arkadien Winnenden 生态村

（四）遵循经济原则

园林景观设计应遵循经济原则。建设集约型社会的重点就在于如何在投资少的情况下做更多的事情，就是我们常常说的"事半功倍"，这也是园林景观设计需要遵循的经济原则。

经济原则的实施，可以从园林布局、材料的使用、园林景观的管理三方面掌握。从园林布局方面看，应充分利用地形，有效划分和组织园林景观的区域，因地制宜，利用地形的基础设计组成园林景观的因素。在设计的过程中，应尽可能地利用原有的自然地形，对土地进行设计，从而减少经费并具有设计的美感。澳大利亚珀斯克莱蒙特镇沿河道路重建项目，因为是重建，按照原有的布局及设备进行合理的改造和修整，既实现了如今的设计感，又达到了项目的经济合理性目的。项目通过有效地区分园地并充分地使用园地面积，从而达到经济的要求。从材料的使用方面看，节省材料、多种植物是遵循经济原则的主要办法。从另一个角度看，造园材料的优良并不取决于材料的名贵，而取决于材料是否适合于整个造园活动，并且能够恰当地体现园林的优美与富有情趣。只要设计恰当，使用物美价廉的材料更能体现园林景观的美。当然，在此过程中不能盲目追求价格低廉，材料的质量是需要考虑的首要问题。

葡萄牙某度假村里的蛇形树屋建于葡萄牙 Pedras Salgadas 小镇，该度假村周围是一个原始的国家森林公园，架高的房子被固定在细长弯曲的坡道上，在大树之间穿梭，经过长长的无障碍的木栈道，连接到地面。这些独立的木制小屋使得这所园林更加迷人，如图 3-12 所示。这两座蛇形树屋不仅与周围环境相协调，还考虑到可持续发展，最小化地影响周围的生态系统。木制的结构加娇小的屋型充分考虑了经济元素，然而充满设计美感的小屋并没有让这座小屋的魅力减少。天然材料和大量的日光能够进一步帮助游客更好地沉浸在森林之中。

（a）　　　　　　　　　　　　　　（b）

图 3-12　葡萄牙某度假村里的蛇形树屋

（五）遵循美观原则

园林景观设计应遵循美观原则。有学者认为，美学对人类审美发展提出过这样的理论：人类与自然界建立了从功利的关系到审美的关系。功利主要是对广大人群和社会有益的功利，属于有利的就会引起人们的好感和赞美。

欣赏野外的青山绿水和园林中花草树木的美，成为人类精神生活的需要。如图 3-13 所示是美国芝加哥北格兰特公园效果图，该项目被称为艺术之田，是一种园林艺术，又是一种文化象征。玉米地作为芝加哥农业遗产的象征，被该项目纳入该景观的景观基质。在这种场景中，文化艺术、体育活动等项目也被纳入其中，不仅标志着芝加哥的历史，又代表着芝加哥不断新生的活力。值得一提的是，该方案为芝加哥北格兰特公园国际方案，邀请征集的入围方案为北京土人景观与建筑规划设计研究院与美国 JJR 事务所联合设计。

图 3-13　美国芝加哥北格兰特公园绿化景观

人们在洋溢着美的境地中得到更好的休息、娱乐，生活的趣味得以提高，情操得到陶冶，有助于身心的健康成长。这样看来，美对人们的生活不仅不是可有可无的，而且是精神生活上不能欠缺的营养。所以，人们不但需要安全、健康、方便的环境，也同样需要美的环境。人们在物质要求得到基本满足以后，精神要求就显得突出起来，如图 3-14 所示为现代园林景观设计。

图 3-14　现代园林景观设计

现代化建设表现为文化、科技的大进步，社会成员智力和精神修养水平的普遍提高，人们审美力的提高将对景观有更高的要求，如要求规划设计整体的和谐，其实就来自于风格的统一、布局的完整和主题的彰显。

Nelson Byrd Woltz 事务所的 Thomas Woltz 为我们展示了如何利用土生植物和一些大胆的结构造景，并创造一座与时俱进的 Iron Mountain 住宅，使其看起来就像是与周边山地休戚与共、与生俱来的微缩园林，如图 3-15 所示。这一座微缩园林满足了将住宅融入当地景观的要求，裸露的花岗岩不仅是自然的一部分，还成为非常抢眼的建筑元素。除此之外，山地、林场、水池以及漫山遍野的花卉也与住宅相得益彰，成为大自然的一部分，也是这一景观设计的一部分。Iron Mountain 住宅景观设计遵循着园林景观设计的美观原则，虽然小，但内容丰富、设计感十足，是一组让人眼前一亮的微缩园林景观设计。

（a）　　　　　　　　　　　　　　　　（b）

（c）

图 3-15 Iron Mountain 住宅景观设计

第二节　现代园林景观布局的形式与原则

一、现代园林景观布局的形式

园林景观布局的形式，一般可归纳为规则式、自然式和混合式三大类。

（一）规则式园林

规则式园林又称几何式园林，其特点是平面布局、立体造型，园中的各元素，如广场、建筑、水面等严格对称。

18 世纪英国出现的风景式园林以规则式为主，而更早的文艺复兴时期的意大利台地园成为规则式园林的代表。规则式园林给人以庄严、雄伟的感觉，追求几何之美，且多以平原或倾斜地组成。在我国，北京的天坛、南京的中山陵都属于规则式园林的范畴，如图 3-16、图 3-17 所示。

图 3-16　天坛鸟瞰图　　图 3-17　中山陵鸟瞰图

规则式园林有以下特征。

1. 地形地貌

平原地区的园林多以不同标高的水平面或较缓倾斜的平面组成，丘陵地区多以阶梯式的水平台地或石阶组成，如图 3-18 所示。

图 3-18　规则式园林的构图格局

2. 水体

外形轮廓多采用整齐驳岸的几何形，园林水景的类型多以规整的水池、壁泉或喷泉组成，如图 3-19 所示。

图 3-19　喷泉景观

3. 建筑

无论个体建筑还是大规模的建筑群，园林中的建筑多采用对称的设计，以主要建筑群和次要建筑群形式的主轴和副轴控制全园，如图 3-20 所示。

图 3-20　建筑景观

4. 道路广场

园林中的道路和广场均为几何形。广场大多位于建筑群的前方或将其包围，道路均以直线或折线组成的方格为主。

5. 植物

植物布置均采用图案式为主题的模纹花坛和花丛花坛为主，树木配置以行列式和对称式为主，并运用大量的绿篱、绿墙以区划和组织空间。树木整理修剪以模拟建筑体形和动物形态为主，如图 3-21 所示。

图 3-21　植物景观

（二）自然式园林

自然式园林又称山水式园林。与规则式园林的对称、规整不同，自然式园林主要以模仿再现自然为主，不追求对称的平面布局，园内的立体造型及园林要素布置均较自然和自由。

我国古典园林多以自然式园林为主，无论大型的帝王苑囿和小型的私家园林。

我国自然式山水园林，从唐代开始影响日本的园林，从 18 世纪后半期传入英国，从而引起欧洲园林对古典形式主义的革新运动。

自然式园林有以下特征。

1. 地形地貌

平原地带地形自然起伏，多利用自然地貌进行改造，将原有破碎的地形加以人工修整，使其自然，如图 3-22 所示。

图 3-22　自然式园林

2. 水体

轮廓较为自然，岸通常为自然的斜坡，园林水景的类型以湖泊、瀑布、河流为主，如图 3-23 所示。

图 3-23　中国古典自然式园林中的水体

3. 建筑

不管是个体建筑还是建筑群，均采用不对称的布局，以主要导游线构成的连续构图控制全园，如图 3-24 所示。

图 3-24　自然式园林中的建筑

4. 道路广场

园林中的空旷地和广场的轮廓为自然形的封闭性的空旷草地和广场，以不对称的建筑群、土山、自然式的树丛和林带包围。道路平面和剖面为自然起伏曲折的平面线和竖曲线组成。

5. 植物

自然式园林中的植物也多呈自然状态，花卉多为花丛，树木多以孤立树、树丛、树林为主，不用规则修剪的绿篱，以自然的树丛、树群、树带来区划和组织园林空间。

（三）混合式园林

混合式园林是指规则式、自然式交错组合，全园既没有对称布局，又没有明显的自然山水骨架，形不成自然格局。一般多结合地形，在原地形平坦处，根据总体规划需要安排规则式的布局。若原地形条件较复杂，具备起伏不平的丘陵、山谷、洼地等，则结合地形规划成自然式。类似上述两种不同形式规划的组合即为混合式园林。广州起义烈士陵园就是典型的混合式园林。

在现代园林景观中，规则式与自然式比例差不多的园林可称为混合式园林。在园林规划时，原有地形平坦的可规划成规则式，原有地形起伏不平，丘陵、水面多的可规划成自然式，树木少的可规划成规则式，大面积园林以自然式为宜，小面积以规则式较经济。四周环境为规则式宜规划成规则式，四周环境为自然式宜规划成自然式。

林阴道、建筑广场的街心花园等以规则式为宜。居民区、机关、工厂、体育馆、大型建筑物前的绿地以混合式为宜。

二、现代园林景观布局的原则

园林将一个个不同的景观元素有机组合成为一个完美的整体，这个有机统一的过程称为园林布局。

如何把景观有机地组合起来，成为一个符合人们审美需求的园林，需要遵循一定的原则。

（一）注意园林布局的综合性与统一性

现代园林景观的形式由园林的内容决定，园林的功能是为人们创造一个优美的休息娱乐场所，同时在改善生态环境方面起重要的作用，然而如果只从单方面考虑，而不是从经济、艺术、功能三方面考虑的话，园林的功能很难得到体现。只有把园林的环境保护、文化娱乐等功能与园林的经济要求及艺术要求作为一个整体加以解决，才能实现创作者的最终目标。

除此之外，园林的构成要素也需要具有统一性。园林的构成要素包括地形、地貌、水体及动植物景观等，各元素缺一不可，只有将各个元素统一起来，才能实现园林景观布局的合理性和功能性。园林景观的构成要素也必须有张有合，富于变化。

如图 3-25 所示，巴厘岛绿色学校的园林景观设计采用的是全竹结构，该景观充分挖掘竹这种亚洲丰产的木质材料的潜在用途，用作结构、装饰、休闲等材料，作为地板、座椅、桌子以及其他物品。景观通过把构成整座校园的各种元素装配在一起，将当地风格以一种新的关系与现代设计策略融合了起来。巴厘岛绿色学校的园林景观设计在改善生态环境方面有重要的参考意义，几块稻田、几个花园、一个鱼塘和堆肥卫生间都成为该园林中的可持续性教室，可见布局的重要性。除此之外，该学校还采用自然采光，大大减少了能源的浪费。这种可持续发展的观念不仅能够使整个园林景观的设计显得意义非凡，还对在校的学生、来此地游览的游客都有重要的生态环保的教育意义。

（a）　　　　　　　　　　　　　　（b）

图 3-25　巴厘岛绿色学校景观

（二）因地制宜，巧于因借

园林布局除了从内容出发外，还要结合当地的自然条件。我国明代著名的造园家计成在《园冶》中提出"园林巧于因借"的观点，他在《园冶》中指出："因者：随基势之高下，体形之端正"，"因"就是因势，"借者：园虽别内外，得景则无拘远近。""园地惟山林最胜，有高有凹，有曲有深，有峻而悬，有平而坦，自成天然之趣，不烦人事之工。入奥疏源，就低凿水。""高方欲就亭台，低凹可开池沼。"这种观点实际就是充分利用当地自然条件，因地制宜的最好阐释。

（三）主题鲜明，主景突出

任何园林都有固定的主题，主题通过内容表现。在整个园林布局中，要做到主景突出，其他景观（配景）必须服从主景的安排，同时又要对主景起到"烘云托月"的作用。配景的存在能够"相得而益彰"时，才能对构图有积极意义。例如，北京颐和园有许多景区，如佛香阁景区、苏州河景区、龙王庙景区等，但以佛香阁景区为主体，其他景区为次要景区。在佛香阁景区中，以佛香阁建筑为主景，其他建筑为配景。配景对突出主景的作用有两个方面：一是从对比方面来烘托主景，如平静的昆明湖水面以对比的方式来烘托丰富的万寿山立面。二是从类似方式来陪衬主景，如西山的山形、玉泉山的宝塔等以类似的形式来陪衬万寿山。

第三节　现代园林景观布局技术的美学特征表现

从人类社会文明发展的历史图景中来审视，我们不难发现现代景观设计中技术条件与美学特征的辩证关系。从马克思主义艺术生产理论的角度出发，现代景观设计中美学特征的本质就是，设计师以广大人民群众的社会生活实践为根基，表达个人的美学修养、生命体验和情感思想等，借助外部完善的技术条件和技术手段，在遵从审美价值规律的前提下所创造出来的以满足人民群众审美诉求的美学空间的形象意境。在此理论视角的背景下，现代景观设计中技术条件与美学特征的辩证关系主要涵盖以下几点：第一，从人类文明的角度来讲，两者统一于人们的社会实践活动。离开了人，美学在任何层面都将成为无源之水、无本之木，如同一个失去了灵魂的躯壳。同时，作为人类生产实践的影子，技术条件本身将无法为美学层面的特征表现提供真实的养分，美学成就以及美学实践活动也将无从谈起。第二，对现代景观设计作品美学特征的表现是设计师或人民大众的创造性劳动的实践过程，它集独特的思维认知、情感表达和生命体验等于一身，具有不可复制性。而技术条件与技术手段是作为无意识的机器而存在，是人们从事实践活动的工具和手段而已，其自身不具有任何创造力。第三，美学特征的定义来自于人类的社会实践，共同的文化历史环境和社会生产实践是人们产生审美共识的基础所在，自发性的纯粹的对于美的认知不存在。而从技术条件层面来讲，无论传统与现代，它都不具有独立发现美、创造美的能力。

技术条件为表现美学特征提供可能，同时对于现代景观设计美学特征的表现在很大程度上反映当时相关的景观技术条件。这是现代景观设计的技术条件与美学特征的辩证关系的现实性表现。

一、现代园林景观布局技术条件与美学特征

（一）技术条件表现美学特征

美国的著名学者福山（Francis Fukuyama）曾在《我们的后人类未来》一书中讲到："除非科学进步终结，否则人类历史不会终结。"在现代景观设计中，技术条件不会完全取代设计师、艺术家和人民群众的艺术创作。但是，目前技术条件随着时代进步的步伐飞速发展，在极大地改变着人类的生产、生活方式的同时，重塑乃至创造着人类的历史文化形态。在现代景观设计中，当今的技术条件为设计者实现景观的美学特征表达提供了无数的可能性。技术条件本身并没有生命力和创造力，在现代景观设计的艺术创作实践中，它应与景观的美学特征表现完美地结合了起来。

以"世界上最大的绿色屋顶"美国的加州科学馆为例，加州科学馆新馆由意大利著名建筑设计师伦佐·皮亚诺（Renzo Piano）设计完成。建设目标是"探索、解释并保护自然界"。作为旧金山首座可持续性建筑项目之一，科学馆中心广场的设计概念是将周边的自然景观分三层设置，使之错落有致，一部分采用玻璃屋顶，营造出舒适的小气候。引人入胜的馆内布置，透过通透、清晰的玻璃墙一览无遗，尤其是最为凸显的两个球状建筑物，即人造雨林和天文馆。科学馆的中央大厅通过自动百叶窗来调节光线，整体空间十分敞亮。通过落地玻璃幕墙的技术应用，馆内 90% 的办公空间都可以采用自然光照明，极大地减少了电力照明的能源消耗，同时又做到了室内外景观的相互兼顾。

加州科学馆的建筑结构非常巧妙，如屋顶的钢柱相当细，同时必须通过钢绳的张力来加固，这样，科学馆内部能够尽可能不受建筑结构的干扰。假如有地震发生，这个结构能使整个建筑随着震动摇摆，就像一艘船在海上安然度过暴风雨

的袭击。同时，可持续性设计不仅表现在建筑采暖和制冷的节能方面，还包括建材的选择、空间的布局、水资源的循环有效利用。为使技术与自然完美地结合，绿色屋顶的设计融合了诸多可持续性设计元素。此外，屋顶还可提供可持续性能源，即沿着屋顶边缘设置的光伏电池有效地利用太阳能为科学馆提供能源支持。可持续性设计也是科学馆展览、组织体系和日常运营的理念之一，公众在这里可以看到并了解到许多可持续性设计的应用。

科学馆的屋顶犹如一条超乎寻常的生态长廊，正如设计师皮亚诺所说的："屋顶就像把金门大桥公园的一小部分放上去，然后又把一座建筑放在屋顶下面。"在整个屋顶平面超过一万平方米的空间中，种满了1 700多万棵加州的本地植物。反渗透加湿系统的介入，使得屋顶植物完全不需要人工灌溉，并且很大程度上将馆内的温度与湿度保持在一个恒定的范围内，单靠这一点就减少了超过90%的相关能耗。人们对于科学馆的另一印象就是在几乎一年中的绝大部分时间里，通过波浪状屋顶上人造山丘的控制，来自太平洋的暖湿海风源源不断地吹进科学馆，馆内的整个建筑空间看上去犹如室外一样，人们畅游其中享受着这一派"和风煦日"的舒适景象。

作为通过先进的技术手段表现以自然为主题的现代景观设计美学特征的典范，加州科学馆是旧金山首批可持续性建筑之一，也是迄今为止我们熟知的世界上最富可持续性设计的博物馆建筑。

（二）美学特征反映技术条件

毋庸置疑，现代景观设计的美学特征表现需要强大的技术条件做支撑，才能帮助其得以实现。与景观的美学特征表达相同，技术条件也具有鲜明的时代特征，并且对于时间和空间的感知更加直接与敏锐。

以南京证大喜马拉雅中心一期景观设计为例，营造超脱都市喧嚣的高山流水的山水之城的美学意境，并使之贯穿于整个景观环境空间是喜马拉雅中心景观设计的美学特征所在。AB地块作为概念形象的起源，其内涵表现以高山天池为依托。随后潺潺的溪流（CD地块）蜿蜒穿过田园村落，最终化喧嚣为平静，回归到竹林光塔中来（EF地块）。美学的概念主线贯穿于三个阶段的项目中，三个不同的审美层次在这幅现代都市的山水画卷中依次展开。一注清澈心扉的趣意之泉，将成为都市人文沙漠中的心灵绿洲。

"高密度城市"成了现代城市发展历程中的标志性特征。当今时代，绿色生态的概念被重新定义，并超越了技术本身的束缚。回归自然人文主义的传统，创造后现代背景下的中国城市的"高密度自然之城"，既抒发了自然寄情于山水之间的人文情感，又将未来的高密度城市的自然特性融入现代社会的大众生活当中。

该景观空间中的美学意境表达主要体现在以下几个方面：用回归自然的手法书写中国传统山水画卷中高山流水的诗意情怀，其形象为清澈圣洁的天池之水从天而降洗涤世人的尘俗之心；建筑表面象征着富有自然神韵的秀丽仙山；蜿蜒溪水门前流过，彰显江南福地温婉绵长之神韵；庭院深处竹影婆娑，身处其中宛如画中神游。

从一期工程开始，园中引入一片茂密的竹林，点缀草坡和水景与竹林相配，打造充满意境的景观步道空间。竹林围合形成庭园空间，从建筑高处的酒店和公寓往下看，一片翠绿映入眼帘，给人以身处自然之感。位于园区外围的林阴大道，绿树成荫，尺度宜人，吸引行人步入山川深处。清幽林作为园区景观的入口，给人静宜清凉的切身感受。上至园区二层，云石变换，动中有静。穿过清幽林，一片广阔的湖水扑面而来，时而波澜壮阔，时而静无声息。天井还原是二层的主要景观空间，畅游于此犹如身处空中庭园。酒店入口处的瀑布是整个园区的中心景观，视听效果强烈。下至一层，起伏的地势与自然形态的植物交相辉映，气氛优雅舒适。回到山下之时是酒店的内部庭院，回归自然的整体氛围与外部景观相呼应。

本景观项目的突出技术难点在于不同形式、不同高度的特色庭园的覆土和种植技术。如何实现植物种植与整体山水环境的融合，烘托高山流水的主题气氛，是设计师依托技术手段打造审美意境的核心所在。首先，塔楼建筑屋顶由于覆土、气候、风力等各种不利因素的限制，对于屋顶植物的选择也有很大的影响。所以，在屋顶种植的植物品种必须抗性强，能抵御各种不利的环境因素，黑松就是个不错的选择。黑松造型奇特优美，生长缓慢，寿命长，且抗干旱、抗风能力强，并且能抵御不良的环境因素。下木也选择一些易于成活、可以粗放管理的植物品种，如佛甲草、瓜子黄杨、麦冬、吉祥草、白花三叶草、中华景天以及八宝景天等。其次，空中庭院由于建筑结构原因，分为高、中、低不同的三种类型。低层庭园空间主景乔木选用造型五针松。五针松为松科常绿针叶乔木，其植株较矮，生长缓慢，寿命长，姿态高雅，树形优美。五针松喜欢温暖湿润的环境，栽植土壤要求排水透气性好。下木适宜搭配结香、金边大叶黄杨等灌木，形成完美的观赏组团。中高层庭园宜选用黑松，其幼树树皮暗灰色，老则灰黑色、粗厚，枝条开展，树冠宽圆呈锥状或伞形，具有极佳的观赏性特点。可常年陈放在庭院阳台上的光照充足、空气流动之处。但在盛夏时节，不宜强光暴晒，冬季在向阳背风的环境下可露地越冬。下木适宜选种佛甲草、金边大叶黄杨、麦冬等灌木。在背阴、温暖潮湿的地方也可以局部种植点缀性的小部分苔藓。

最后，室内中庭的植物设计主要以耐阴的低矮草本为主，蕨类植物应是首选。它们有着特殊的柔美的姿态和叶形，可以创造出不同的景观效果。

作为泛亚国际景观（EADG）倾力打造的重要景观设计作品，配合 MAD 事务所独具风格的建筑设计，该项目本身具有很强的可辨识度。建筑技术进步和高科技材料的运用在本项目中体现得淋漓尽致，通过打造"重峦叠嶂"的建筑形象和自然形态的空中花园，使得城市山水的美学意境得以完美呈现。

二、现代园林景观布局美学特征表现类型

人们对景观设计的研究逐步深入并拓展开来，研究与实践成果丰硕，这对现代景观设计的美学特征表现有着积极而又深远的影响。进入 21 世纪以后，社会面貌在各个领域都经历了史无前例的巨大变化，科学技术突飞猛进，哲学思想和美学思想呈现出空前繁荣的景象，艺术思潮与艺术流派不断涌现。

时代的变迁不仅加快了现代景观设计在观念层面的进步，而且也加速了相关系统知识的更新，设计思想与方法的不断丰富，使得现代景观设计的美学特征表现在适应促进社会经济和相关科学技术发展的过程中掌握了主动性。这既符合学科发展变革的现实性需求，又适应了哲学层面事物发展的一般规律，同时也是现代景观设计实现自我发展、自我完善的最主要途径。

人的无穷的创造力、艺术的发展和科学技术的不断进步，这些都为表现景观美学特征提供了无数种可能性。从根本角度出发，笔者将现代景观设计美学特征的表现类型概括性地总结为两种类型：美学主导型和技术主导型。

（一）美学主导型

在以美学为主导的现代景观设计美学特征的表现中，美学层面的颜色、造型、构成以及环境气氛的营造等方面是主要的表现对象，技术手段起到辅助性作用，两者相互补充共同表现景观空间的美学特征。在此笔者以哈利法塔公园和 Young Circle 艺术公园设计来分析此类型景观美学表达的主要内容。

哈利法塔公园景观如沙漠中的绿洲环绕着哈利法塔分布。尽管沙漠的生存环境十分恶劣，人们仍在这里生活了几千年。此项目正是在歌颂和赞扬人类这种顽强的精神及生命力。这片绿色空间的设计已经达到世界顶级水平，不仅使人们融入并享受其中所带来的方便与舒适，还十分注重展现独特的美观性与历史特点。在细节上，设计师不仅要十分了解这座建筑物的多种外部功能、内在的混合性质，还要注重它与城市之间多重模式的交通相互协调。在所有需要被考虑的事项中，对各种顾客出入口、物品存取点、车库、公共与私人通道的设置只是其中的一部

分，还要加强各种路标的人性化设计，以引导顾客顺利到达建筑的入口处、公共休闲空间和花园地带。对每一个循环系统的设计必须细心谨慎，并配合项目的工程进度循序渐进。景观与建筑统一于美学意境的追求，同时在技术层面上改善了沙漠环境酷热的微气候环境。

作为公民休闲活动的开放中心 Young Circle 艺术公园像一个巨大的游戏棋盘，可以容纳各种形式的活动。景观的创作理念是预想作品能在高度和直径上以一种灵活而适当的方式呈现出循环不绝、类似城市森林的投影的景观。景观的结构主体是坚如钢铁的雨伞形象，以混凝土圆柱为建筑元素的结构，高效地疏导了伞顶积水。每一个圆柱雨伞的铝盘用缤纷色彩以及绝热的材料构造而成。底部设计的反射效果，让阳光能通过反射使顶部色彩更加亮丽。植被均匀覆盖在周围，与建筑结合紧密。从另一个角度看，植被的空间结构设计是从马路的小道延伸开来。因此，这样的设计对顶层表面颜色的处理极为重要。直径为 7～15 米不等的阳伞成功地解决了景观的覆盖问题。伞的高度也是 4～7 米不等。这给景观细小的差异和结构性元素赋予了巨大的灵活性。而且，不同的高度避免了建筑之间过分的不透明，让阳光的反射自由地通过各个阳伞。

在此类型的现代景观设计的美学特征表达中，景观元素的颜色、造型、构成方式以及空间气氛的营造等是整个景观空间最主要的表现对象，技术手段作为辅助，为实现整体美学效果起到支撑性的作用。这种类型的设计作品大多以体现地区的历史文化背景或者设计者的美学观点为出发点，重视人们的心理感受，在欣赏美景、感受空间美感的同时，容易让人产生强烈的认同感。

（二）技术主导型

在以技术为主导的现代景观设计美学特征的表现中，环境空间中的某些缺陷或者设计者对某种空间效果的追求需要较为强烈的技术表现手法来实现。设计师通过技术手段实现预期效果的同时，遵循美学原则和美学表达方式，使作品达到使用与美观相互结合的综合性美学效果，从而表达现代景观设计美学特征的个性特点，并且在该类型的设计作品中，技术手段和使用者之间往往带有一定的互动性。在此笔者以注重环境修复技术运用的暴雨花园和注重建造技术运用的风中庭院两个案例对这种类型景观美学特征表达加以解析。

哈佛大学的黑石电厂改造工程是一个可持续景观设计的典型案例。Landworks Studio 公司从生态角度出发，收集来自临近停车场的雨水并加以净化。通过相关技术的应用，暴雨花园可以对连续 72 小时的暴雨水量进行收集和净化处理，最多可处理占全年降水 90% 以上的雨水。此景观项目在吸收和补充了地下水的同时，有效地防止了受污染的地表径流和下水道溢出的污染物流入附近的河流，是环境修复技术在现代景观设计中运用的典范。

　　设计师将暴雨花园看作一个由动态水流穿越的景观雕塑。通过不同方向、不同高度的地形景观，流水随着高点流向低点，完成收集与运送雨水的过程。该园由两个独立的庭院组成，其中阿布诺庭院在景观形象上是一个"由逆向地形组成的景观"，从相邻的停车区收集并径净化过的雨水在这里进行生物降解。黑石公共庭院作为景观的另一个组成部分，是用阿布诺庭院的土壤铸模而成，在景观形象上是一个"正向的地形景观"。

　　位于查尔斯河岸边的土壤由冲积层和海洋沉积物组成。分层的淤泥和细沙中黏土含量超过65%，原有的土壤根本不适宜植物种植（种植要求最高黏土含量临界值为27%）。然而，对土壤属性进行改善或将土运送到堆填区域的工程代价十分高昂，景观设计团队由此采取了将黏土重新利用的措施。将黏土做成公共庭院的正向地貌结构的基础表面，将其作为排水渠道和设在较低点的排水口的分界面。在树木种植区黏土层表面平铺一层大概15厘米厚的S3型粗砂，这样处理便可以将几乎不透水的硬质路基上多余的雨水转移走，然后再铺设一个约60厘米的S2型土壤的地面支撑，最后位于顶层的是15厘米左右的表土层（S1）。而其余的种植区内，在路基黏土上铺20厘米左右的种植土壤就足以适于草和灌木生长的需求了。

　　被称作"不需要修剪的草地"上面种着牛毛草，每年只有在草长到最高高度——20.3～25.4厘米的时候才需要进行割草处理。运用簇生毛草和软枝草以及三角草等植物的交叉种植，完成地面顶层部分的整理。顶层以下的部分种植红色的山茱萸和野生的莱蓬、猩红栎、红桎花、皂荚树等乔木植物随着地形起伏波动，进一步突出体现了场地空间的丰富性。园中有一个30.5米长、9.1米宽的长条状盆地，它被用作生物滞留单元。整个盆地的底部与周围地面之间将近有1米的高差，用于滞留72小时内降雨量在2.5～3.2厘米之间的雨水。1米多的特殊土壤层被放置在30厘米的沙土和7.6厘米的有机土壤层之间，如此一来，就能够在被池底的碎石和穿孔管排水层吸收之前完成对流入污水的沉淀、过滤、吸附及微生物分解。一个预处理结构配合线形碎石隔膜降低了暴雨的地表水流速度，污水中较大的颗粒在到达盆地底部之前就能分离出来。通过二次渗透管道系统与植物的抵挡和吸收的交叉作用，显著增加了系统对雨水净化的效果。

　　同样作为典型的技术性主导美学特征表现的重要实践案例，风中庭院位于慕尼黑建筑部行政大楼的庭院景观空间中，景观设计师将风能转化为一个机械景观平台的动力，创造性地增加了景观环境的趣味性。置于建筑塔顶墙体的保护设施内的叶轮能够获取风能，为这个景观旋转平台提供充足动力。风力装置和旋转平台由一个非常复杂、微小的连接设施连接着。景观的构成元素与环境空间中的风产生了抽象性的联系作用，并完整地促成了一种超现实主义的、具有开创性特点的景观意境：庭院景观的一部分元素成了一幅自然动画的表现主体，在这种美学意境中，长椅、树木、地砖等元素都具有了主观意向，形象化地参与到动画中来。

风中庭院的景观旋转平台铺设在庭院中，与周围草地处在同一水平线上，这个旋转平台包含了所有典型的景观元素，人们只要置身其中，便会感觉树木、草地、庭院铺砖连接在了一起。随着圆环的旋转，旋转平台能绕中心自转，同时也使树木和游人旋转。景观要素不再是环境空间中被动布置的元素，而是积极地参与到与人的互动中来，它以十分普通的结构为周围建筑与环境中的人们展现了一支机械舞蹈。整个旋转平台被设计成为一个大型的按照一定的轨道旋转的形象，轨道置于地下一个拥有众多机械和转轮的设备层中。塔顶的风叶轮产生能量，推动机械转轮，景观旋转平台以每秒2厘米的速度缓慢旋转，人们对这个速度的运动几乎难以察觉，这便是美学意境中对模糊边界的二次再设计。

通过对以上两个典型案例的解析，我们不难看出，在以技术为主导的现代景观美学的特征表达中，场地与技术的对话有其必然性，整个设计与建造的过程可以看作是通过技术手段对景观空间在品质上的改造与提升，以达到功能性和大众审美需求的完美结合，美学观点与美学原则等贯穿整个景观中间，起到重要的引导性作用。

三、现代园林景观布局美学特征表现方法

不同的景观设计师创造了不同的美学特征的表现理论与方法，他们相聚在一起，共同开创了现代景观设计的五彩世界。

在现代景观设计的发展过程中，托马斯·丘奇和罗伯特·布勒·马尔克斯崇尚基于超现实主义和立体主义的流畅的曲线韵律和富有变化的平面几何构成；丹·凯利与佐佐木英夫都主张将建筑设计的手法运用到景观当中来；彼得·沃克和劳伦斯·哈普林都使用弱化景观边界、创造性构图和模拟自然的设计手法及思路，将抽象的自然引入到城市的复兴中，使作品与环境充分融合，来表现自然之美；莱普敦主张折中主义设计风格；唐宁和欧姆斯特德父子在很大程度上受到英国景观设计思想的影响；托马斯·杰弗逊遵循传统规划思想的规划设计理念，推广单纯的方格网型的规划设计方法；艾略特突破性地提出了"保护区"的生态概念，提倡美化城市和改良景观，促进了城市空间的进一步开放；勃切特·米凯主张更新景观的审美观念，并且强调提升景观空间的使用功能；密斯提出将景观环

境与建筑空间完全融为一体，打破空间界限，在突出强调当时新的建造技术和表现新材料本身特性的同时，提出了"少就是多"的重要设计思想；赖特认为，建筑师的最重要的职责是促进人与自然环境的和谐共生，他提出了有机建筑理论；马尔福德·罗宾逊主张现代景观设计领域已经开始从继承、发展欧洲的传统景观设计思想转变为另辟蹊径的找寻现代景观设计发展的新道路；卡西米尔·塞文洛维奇·马列维奇和亚历山大·罗德琴科创造性地实现了硬边结构和几何结构的抽象表达；艺术家约瑟夫·阿尔博斯和迪奥·凡·兹伯格发展了具体的装饰层面上的设计艺术表现手法；胡安·米洛同汉斯·阿尔普一起创造了抽象的生物形态表现。

同时，主要在立体主义的影响下，劳伦斯·哈普林、托马斯·丘奇、加略特·艾克博和罗伯特·洛斯顿等都致力于开拓现代景观设计美学特征的新的创作和表现形式；西班牙建筑师安东尼奥·高迪崇尚哥特主义风格的复兴，强调效仿自然的设计理念；巴西的马尔克斯在作品中大都强调平面布局的抽象性艺术特征，有节奏地运用色彩元素，使用大量的并列与重复的设计语言。他认为，各艺术领域在高级层面上相互贯通，艺术的思维方式和表现形式相同。从绘画的角度来讲，景观设计只是在运用的工具上与之有所区别而已。受到立体主义和超现实主义绘画的影响，马尔克斯的景观设计作品在平面上表现出绘画体现的特点；丹·凯利强调突出景观空间的整体美感，主张将景观与建筑之间的关系有机地结合起来；佐佐木英夫认为，现代景观所营造的空间气氛是为了给更具有主导地位的建筑和雕塑作品创造优美的环境而存在，强调在动态中寻找和谐，景观设计应在充分分析和理解环境的基础上实现各种概念的审美价值；日裔美籍艺术家野口勇擅长将来自东方的禅意空间的美学思想融入西方理性光辉指引下的设计作品中，是日本枯山水庭院景观的集大成者。

在 20 世纪 40 年代以后，大工业生产导致自然生态环境急剧恶化，重新认识自然、保护自然的迫切性和必要性成为全社会的共识。意裔美国建筑师保罗·索勒瑞首先将建筑学和生态学结合为生态建筑学的概念；约翰·奥姆斯比·西蒙兹提出探讨景观设计的高度应该定位于人类生存环境与总体视角；建筑大师路易斯·沙利文将设计构思视为关于和谐关系的一种图解的过程。

之后，现代景观设计的美学特征表达在黑川纪章等人的发展下产生了结构性的重大转变。在思维层面，开始追求环境之间的现实性关系；在认识论层面，已经逐渐变为包容矛盾和否定的阶段。黑川纪章的空间哲学突破以共生思想为主体理念，内容几乎涵盖了人类社会的各个层面和自然世界的所有内容。随后，安德烈·高伊策在黑川纪章的理论基础上做出了重要补充，完善了技术手段与生态环境之间的关系，他重新定义了关于景观场地和自然环境的界限关系问题，历史性地拓展了现代景观设计的思维模式，为现代景观设计的美学特征表现创造了更多的可能性。

现代景观设计美学特征表现的指导原则与其表现类型相对应，主要涵盖的指导原则为因地制宜的适用性原则。

（一）因地制宜的适用性原则

在现代景观设计美学特征表现中，因地制宜的适用性原则包含美学特征的整体性、异质性、延续性和尺度观念等主要内容。设计者在充分研究场地及其周边环境和历史人文背景的情况下，通过相应的现代景观技术手段与其审美经验相结合，营造既最大化满足使用者功能需求又遵循审美价值规律的现代景观美学空间。

第一，在整体性方面。现代景观设计是一系列涉及生态系统、技术条件、审美表现和心理研究等层面的完整的系统工程，美学特征的表现贯穿在整个景观空间的有机体中，体现整体性的特点是现代景观设计美学特征的基本属性。

第二，根据不同地域的景观环境要素、技术处理手法和社会经济文化水平，现代景观设计的美学特征呈现出异质性特点，它包括空间的美学组成方式、景观形态的美学表达等相关内容。景观环境空间的异质性程度越高，其构成要素的不确定性特征越明显，也正是因此，不同的美学特征之间得以实现交流与融合。

第三，现代景观设计的美学特征表现了一个时代的文化、艺术成就和科学技术水平，其本身在不断继承前人成果的基础上具有较强的延续性，并且呈现出不断继往开来的发展趋势。

第四，在现代景观设计美学特征中，尺度的观念体现其在时间和空间两个维度上的规律性、对应性的客体特征。同时，尺度性特征越发明显时，景观环境的异质性特征越明显，并且其美学特征与周围环境表现出更加稳定的协调性。

（二）方法解析

以萨伏伊别墅的景观美学特征为例，位于巴黎近郊的萨伏伊别墅（柯布西耶在1928年设计）作为纯粹主义的杰出作品，是柯布西耶最具代表性的建筑设计作品。柯布西耶惊世骇俗地提出了"建筑是居住的机器""风格即谎言"等设计观念，对20世纪的现代建筑与景观设计产生了极其深远的影响。萨伏伊别墅吹响了现代主义建筑与景观设计的号角，而且它对现代景观设计提供了更具颠覆性、更为深刻的重要启示。

别墅耸立在广阔的草地中央，其形象如同庄严的希腊神庙一般，这是柯布西耶运用现代主义手法同古典主义传统的对话。其设计风格没有延续当时流行的传统而浪漫的自然主义特征，同时打破了传统对称的设计形式，柯布西耶站在更高的视角下运用新的现代主义景观设计的手法，突破性地提出以建筑代替园林的设计思想。作为建筑的露天平台同时成了景观花园，景观园路与室内步道相互交融，如同风景画一般，景观成了一系列被框起来的风景。建筑本身成了景观的观景平台，并且从场地的环境关系中分离出来。

从空间角度的美学特征来讲，萨伏伊别墅建筑自身作为一个具有纯粹主义特点的抽象结构形象，主宰了它所处的整个环境空间。建筑内部空间中没有设计类似传统形象的楼梯，取而代之的是沿着建筑主轴线缓缓上升的坡道，这就是柯布西耶所称道的"建筑大道"（Promenade Architectural），他认为楼梯会在空间关系上打破楼层间的关联性，而坡道却把不同空间的楼层联系起来。建筑内部的坡道向外延伸，成了外部空间景观步道，步道山下的不同空间都分布着向周围延伸的带状长窗，参观者向窗外看去，犹如身处画框的风景跃然眼前。

其起居室作为主楼层的重要室内空间，围绕着二层中央的露天平台，在没有任何遮挡的情况下，阳光穿过玻璃门窗从外部照进室内的每一处角落，光线的变化使室内外空间的交流变得暧昧。同时，透过可滑动的玻璃门，整个平台空间成了建筑室内的外部延伸。平台的地板由统一材质的地砖铺装而成，空间构成朴素、简洁，且点缀有方形的具有构成意味的矮小家具。整个平台空间由高耸的混凝土墙体包围，条形而连续的长窗同样在墙体上向四周延伸，远处的风景同样被框住，平台空间承载了室内外空间的对话功能，其本身也作为一种空间形态将三个空间融为一体。

沿着坡道向上，穿过露天平台便是屋顶的日光浴房。这个处在建筑最高点又极其狭小的空间，难免让人产生智慧启迪之感。由此不难发现，通过步道由一楼走到顶层是一个逐渐由黑暗走向光明的过程。尽管柯布西耶非常推崇"悬空花园"的意象概念，他在景观环境中所种植的植物却少之又少，大量的空间被用作阳光浴场，这也与萨伏伊别墅的别名"白日时光"（Les Heures Claires）相互映衬。透过被镶嵌在阳光浴房墙上的一扇矩形窗户，塞纳河的美景尽收眼底。

柯布西耶对于景观空间这一概念的理解可以说是异乎寻常的："土地是潮湿且不健康的，真正的花园是屋顶的悬空花园，地面干燥且健康，而且高处的景观更加秀丽。"建筑的屋顶花园和生活空间的抬升表现出了柯布西耶对于土地形象认识的概念性特征。

作为早期的现代主义建筑，萨伏伊别墅的建造在当时面临一个很大的技术难题。新的技术和材料的使用存在诸多问题，而且也因此使得预算成本大大提高。

在众多有识之士的努力下，别墅最终被保留下来，并被列入世界历史建筑名册。

在萨伏伊别墅的景观空间中，建筑作为构成要素，独立于周围的环境空间；景观成了一个抽象的概念性表达对象，具有与自然环境对话的功能属性；材料的质感、植物的色彩和被抽离于具体内涵的表达形式，在光影的交错中，使整个环境空间变得活跃起来。萨伏伊别墅作为柯布西耶推崇的个体形象深深地影响了整个 20 世纪的现代景观设计领域。

第四章　现代园林景观设计生态学

园林景观设计是人们世界观、价值观的反映，任何园林景观设计都应与生态环境相协调。所谓生态系统就是指地球上的生物物体与生存环境构成的极其复杂的相互作用的动态复合体。人类依赖自然生态系统，并按照自己的需求利用并改造自然界，但在根据自己意愿建造园林景观的过程中，人类都不可能离开区域或全球生态系统而独立生存。因此，了解景观生态学的相关内容及相关原则对园林景观的设计有积极的影响。本章主要研究现代园林景观生态学，并将城市居住园林景观设计、现代园林景观设计、园林城市等与景观生态学相结合，全面讲解景观生态学与园林景观设计的内在的、必然的联系。

第一节　景观生态学概述

景观生态学是生态学的一门新学科，从 19 世纪末开始，景观设计开始对自然系统的生态结构进行重新认识和定义，并对传统生态学进行融合和渗透。随着人类改造自然的步伐的加快，景观已成为一种在自然等级系统中较为高级的一层，强调生态系统相互作用、强调生物种群的保护与管理、强调环境的管理等理念，开始成为人类在进行园林景观设计过程中较为重视的法则，这也是景观生态学的主旨。

一、什么是景观生态学

景观是由若干相互作用的生态系统镶嵌组成的异质性区域。狭义的景观是由不同空间单元镶嵌组成的具有明显视觉特性的地理实体。广义的景观是由地貌、植被、土地和人类居住地等组成的地域综合体。景观是人类生活环境中视觉所触及的地域空间。景观可以是自然景观，包括高地、荒漠、草原等；可以是经营景观，如人工林、牧场等；也可以是人工景观，主要体现经济、文化及视觉特性的价值，如本书重点研究的园林景观及城市景观等。

生态学思想的引入，使园林景观设计的思想和方法发生了重大转变，也大大影响甚至改变了园林景观的形象。园林景观设计不再停留在花园设计的狭小天地，它开始介入更为广泛的环境设计领域，体现了浓厚的生态理念。

景观生态学的研究开始于 20 世纪 60 年代的欧洲，早期欧洲传统的景观生态学主要是区域地理学和植物科学的综合。直到 20 世纪 80 年代，景观生态学开始迅速发展，成为一门前沿学科。

景观生态学是研究景观结构、功能和动态以及管理的科学，以整个景观为研究对象，强调空间异质性的维持和发展、生态系统之间的相互作用、大区域生物种群的保护与管理、环境资源的经营管理以及人类对景观及其组成的影响。

在现代地理学和生态学结合下产生的景观生态学，以生态学的理论框架为依托，吸收现代地理学和系统科学之所长，研究由不同系统组成的景观结构、功能和演化及其与人类社会的相互作用，探讨景观优化用于管理、保护的原理和途径。其研究核心是空间格局、生态学过程与尺度之间的相互作用。景观生态学强调应用性，并已在景观规划、土地利用、自然资源的经营管理、物种保护等方面显示了较强的生命力。其中，在景观生态评价方面的发展尤为迅速。

斑块、廊道和基质是景观生态学用来解释景观结构的基本模式，普遍适用于各类景观。斑块是指在地貌上与周围环境明显不同的块状地域单元，如园林景观、城市公园、小游园、广场等。廊道是指在地貌上与两侧环境明显不同的线性地域单元，如防护林带、铁路、河流等。基质是指景观中面积最大、连通性最好的均质背景地域，如围绕村庄的农田、广阔的草原等。景观中任意一点或是落在某一斑块内，或是落在廊道内，或是落在作为背景的基质内。

因为景观生态学的研究对象为大尺度区域内各种生态系统之间的相互关系，景观的组成、结构、功能、动态、规划、管理等的原理方法对促进景观的优化和可持续发展有着直接的指导作用，因而在园林景观设计领域，景观生态学是非常有力的研究工具。

如图 4-1 所示，法国波尔多植物园全园分为水花园、生态走廊、耕作田、植物林阴道等几个部分，以此表现生物多样性、自然资源循环利用以及景观活力和变化。新的波尔多植物园绵延狭长，东面与圣玛丽教堂毗邻，西面与加龙河岸相接。它开辟了多米尼克贝洛设计的巴斯泰德区与环加龙河老城中心之间的城市连接。波尔多植物园位于加龙河最后一道河湾的凹处，河的左岸是梅花广场。这种布局使水体两侧交相呼应；植物园仿佛这里的点睛之笔，某种程度上代表了该地区的历史、艺术和地理遗产。同时，波尔多植物园结合现代元素，将植物学理念融入我们的现代生活方式之中。无论是形态上还是内容上，植物园都围绕加龙河重新构筑的城市中心的焦点。

图4-1　法国波尔多植物园景观

二、景观生态学的任务

景观生态学要求包括园林景观在内的景观规划应遵循系统整体优化、循环再生和区域分异的原则，为合理开发利用自然资源、不断提高生产力水平、保护与建设生态环境提供理论依据。为解决发展与保护、经济与生态之间的矛盾提供途径和措施。

景观生态学的基本任务包括以下几个方面。

第一，景观生态系统结构和功能的研究，其中包括自然景观和人工景观的生态系统研究。通过研究景观生态系统来探讨生态系统的结构、功能、稳定性等，研究景观生态系统的动态变化，建立各类景观生态系统的优化结构模式。

第二，景观生态系统监测与预警研究。这方面的研究主要针对人工景观，如园林景观或者人类活动影响下的自然环境。通过研究对景观生态系统结构和功能的可能变化和环境变化进行预报。景观生态监测工作是在具有代表性的景观中对该景观的生态数据进行监测，以便为决策部门制定合理利用自然资源与保护生态环境的政策措施提供科学依据。

第三，景观生态设计与研究。景观生态规划是通过分析景观特性，对其进行综合评判与解析，从而提出最合理的规划措施，从环保、经济的角度开发利用自然资源，并提出生态系统管理途径与措施。

第四，景观生态保护与管理。利用生态学原理和方法，探讨合理利用、保护和管理景观生态系统的途径。通过相关利用知识研究景观生态系统的最佳组合、技术管理措施和约束条件，采用多级生态工程等有效途径，提高光合作用的强度，提高生态环保及经济效益。保护生态系统，保护遗传基因的多样性，保护现有生物物种，保护文化景观，使之为人类永续利用，不断加强生态系统的功能。

美国唐纳德溪水公园重新塑造了一个崭新的城市公园，从环保的角度保护了这片湿地，从经济的角度使用旧材料搭建了公园中的"艺术墙"，对全新的园林景观设计有了新的生态定义，成为一种最合理的规划措施。从公园街区收集的雨水汇入由喷泉和自然净化系统组成的天然水景；从铁路轨道回收的旧材料被重新利用并建造成公园中的"艺术墙"，唤起人们对于铁路历史的记忆，而波浪形的外观设计能够给人以强烈的冲击感。在这个繁华的市中心地带，生态系统得到恢复，人们居然可以看到鱼鹰潜入水中捕鱼。在公园甲板舞台上人们可以尽情地表演各种文艺活动，孩子们可以来这里玩耍、探索自然奥秘，人们还可以在这片自然的优美环境中充分享受大自然的美好，进行无限的冥想，如图4-2所示。

（a） （b）

(c)　　　　　　　　　　　　　　　　　(d)

图 4-2　美国唐纳德溪水公园生态景观

三、景观生态规划的原则和方法

　　保护生物多样性、维护良好的生态环境是人类生存和发展的基础，但如今，环境恶化的结果导致生态功能的失调，而设计合理的景观结构对保护生物多样性的生态环境具有重要作用。景观生态规划是建立合理景观结构的基础，它在园林景观设计、自然保护区、土地持续利用以及改善生态环境等方面有着重要意义。景观生态规划设计的原则如下。

（一）自然优先原则

　　保护自然资源，如森林、湖泊、自然保留地等，维持自然景观的功能，是保护生物多样性及合理开发利用资源的前提，是景观资源持续利用的基础。

（二）持续性原则

　　景观生态规划以可持续发展为基础，致力于景观资源的可持续利用和生态环境的改善，保证社会经济的可持续发展。因为景观是由多个生态系统组成、具有一定结构和功能的整体，是自然与文化的复合载体，这就要求景观生态规划必须从整体出发，对整个景观进行综合分析，使区域景观结构、格局和比例与区域自然特征和经济发展相适应，谋求生态、社会、经济三大效益的协调统一，以达到景观的整体优化利用。

（三）针对性原则

　　景观生态规划针对某一地区特定的农业、旅游、文化、城市或自然景观，不同地区的景观有不同的构造、不同的功能及不同的生态过程，因此规划的目的也不尽相同。

（四）综合性原则

景观生态规划是一项综合性的研究工作。景观生态规划需要结合很多学科，景观的设计也不是某个人的工作，而是一个景观团队的合作成果。除此之外，园林景观的设计也是基于结构、过程、人类价值观的考虑，这就要求在全面和综合分析景观自然条件的基础上，同时考虑社会经济条件、经济发展战略和人口问题，还要进行规划方案实施后的环境影响评价。只有这样，才能增强规划成果的科学性和应用性。

如图 4-3 所示为现代别墅庭院景观设计，私密性较强并且相对开阔，在一个独立的空间中，将植物、小品、铺地砖、水体等元素结合，综合了生态学、植物学、人体工程学等多方面因素，该组案例不仅符合居住者的使用习惯，而且自然优雅，颇具现代感。

（a）　　　　　　　　　　（b）

（c）　　　　　　　　　　（d）

图 4-3　别墅庭院景观设计

第二节　景观生态学在园林景观设计中的应用

城市作为人居环境的典型，离不开生态系统的质量，离不开空气、光和水。但是，随着工业化的发展，现代城市人居环境越来越向自然环境的异化方向发展，人类的居室、办公室受到人工控制的程度越来越大，城市的空间逐渐被人造物所充塞。但是，在这种情况下，人们越来越依赖局部大气、温度、生态系统等，能满足人类需求的只有靠城市中的园林景观生态系统。

一、景观生态学与城市居住园林景观设计

随着时代的发展和人们对生活质量要求的提高，人们对居住小区的要求也在不断提高，而作为小区内部的园林景观，作为人们日常生活的组成部分，在人们的生活中扮演着越来越重要的角色。因此，了解城市居住园林景观的生态设计也是了解园林景观设计的重要课程，而了解景观生态学与城市居住园林景观设计的关系，也成为园林景观设计师需要了解的工作。

居住区的建设不仅影响着城市的整体风貌，反映城市的发展过程，其景观也是城市景观的主要组成部分。城市居住区景观具有生态功能、空间功能、美学功能和服务功能，其形态构成要素包括建筑、地面、植物、水体、小品等，景观生态建设强调结构对功能的影响，重视景观的生态整体性和空间异质性，因此要充分发挥景观的各项功能，各构成要素必须和谐统一。

从城市居住区园林景观的功能看，其生态功能包括改善小气候、保护土壤、阻隔降低噪音、生物栖息等；其美学功能包括空间构成美（园林中的建筑、植物、水体等）、形态构成美（植物、铺地、小品等）；服务功能包括亲近自然以得到心理的满足、休闲功能等。

如图4-4所示，北京北纬40°住宅小区位于北京市朝阳区，项目的名称来自于其位置与纬度线。HASSELL受托为此13.8公顷地块以及一旁的11.8公顷"公共绿化公园"进行景观设计。住宅小区景观主轴由5个主题住宅花园构成。由于项目的所在地是北京，当地对用水量有所限制，因此项目的另一特点就是水源的高效使用。从园林布局的角度看，北京北纬40°住宅小区应用了串连景观艺术元素，将这些花园连接起来，使该小区中的每一个元素都为整个小区的设计服务，具有整体的意识。该小区的另一特点是节水的设计。从长远来看，这一独特设计不仅环保，还为住户节约用水量。

图 4-4　北京北纬 40° 住宅小区景观设计

二、景观生态学与现代景观设计

景观生态学为现代景观设计提供了理论依据，从理论角度可以分为以下几点。

第一，景观生态学要求，现代景观设计体现景观的整体性和景观各要素的异质性。

景观是由组成景观整体的各要素形成的复杂系统，具有独立的功能特性和明显的视觉特征。一个完善的、健康的景观系统具有功能上的整体性和连续性，只有从整体出发的研究才具有科学的意义。景观系统具有自组织性、自相似性、随机性和有序性等特征。异质性是系统或系统属性的变异程度，空间异质性包括空间组成、空间构型、空间相关等内容。

第二，景观生态学要求，现代景观设计具有尺度性。尺度标志着对所研究对象细节了解的水平。在景观学的概念中，空间尺度是指所研究景观单位的面积大小或最小单元的空间分辨率。时间尺度是动态变化的时间间隔。因此，景观生态学的研究基本是从几平方公里到几百平方公里、从几年到几百年。

尺度性与持续性有着重要联系，细尺度生态过程可能会导致个别生态系统出现激烈波动，而尺度的自然调节过程可提供较大的稳定性。大尺度空间过程包括土地利用和土地覆盖变化、生境破碎化、引入种的散布、区域性气候波动和流域水文变化等。在更大尺度的区域中，景观是互不重复、对比性强、粗粒格局的基本结构单元。

景观和区域都是在"人类尺度"上，在人类可辨识的尺度上来分析景观结构，把生态功能置于人类可感受的范围内进行表述，这尤其有利于了解景观建设和管理对生态过程的影响。在时间尺度上，人类世代是景观生态学关注的焦点。

第三，景观生态学提出，景观的演化具有不可逆性与人类主导性。由于人类活动的普遍性和深刻性，人类活动对于景观演化起着主导作用，通过对变化方向和速率的调控，可实现景观的定向演变和可持续发展。景观系统的演化方式受人类活动的影响，如从自然景观向人工景观转化，该模式成为景观系统的正反馈。因此在景观的演化过程中，人们应该在创造平衡的同时实现景观的有序化。

除了以上三点之外，景观生态学还认为，景观具有价值的多重性，这既符合景观的价值，又符合园林景观的价值。园林景观具有明显的视觉特征，兼具经济、生态和美学价值。随着时代的发展，人们的审美观也在变化，人工景观的创造是工业社会强大生产力的体现，城市化与工业化相伴而生；然而，久居高楼如林、车声嘈杂、空气污染的城市之后，人们又企盼着亲近自然和返回自然，返璞归真成为时尚，如图4-5所示，这是智利利比亚里卡国家森林公园温泉景区的人行散步道，让人们通过自然的温泉道路，感觉舒适无比。因此，实现园林景观的价值优化是管理和发展的基础。要以创建宜人的园林景观为中心，打造适于人类生存、体现生态文明的人居环境。在这个过程中要考虑景观通达性、建筑经济性、生态稳定性、环境清洁度、空间拥挤度、景观优美度等内容，当前许多地方对于居民小区绿、静、美、安的要求即这方面的通俗表达。

图4-5 智利利比亚里卡国家森林公园温泉景区人行散步道设计

美国加州麦康奈尔公园的设计师是彼得·沃克。该区域原本生态环境退化严重，PWP 事务所对其进行了修复。他们移除了表层土，种植了当地花草；重建了河岸区域；在公园靠外的边缘重新种植了橡树、松树和雪松树林。公园原先有四个池塘，设计师通过设计，将其中的三个联系在一起。重建的大坝作为线性通道；入口处的通道与现有平面相吻合，绕开橡树和柿子树林，入口广场上也种植了橡树。同时还设计了石砌码头，迷雾喷泉，带有黑色大理石喷泉的小岛等充满美感的景观，如图 4-6 所示。经过整修的公园景色更加优美，里面的植被发展前景也有所改善，能更好地为人类服务。美国加州麦康奈尔公园的修复工作不仅包括对原本的生态环境进行修复和重建，还包括将不同的景观进行解构和重构。经过修复的公园成为了一个完整的具有自组织性、自相似性和有序性的生态系统。

图 4-6　美国加州麦康奈尔公园

三、景观生态学与园林城市

生态规划设计是城市景观设计的核心内容。生态规划设计是一种与自然相作用和相协调的方式。要做到与生态系统相协调，规划设计必须尊重物种多样性，减少对资源的剥夺，保持水循环，维持植物神经和动物栖息地的质量。只有这样才有助于改善人居环境及维持生态系统的健康。生态规划设计为我们提供了一个统一的框架，帮助我们重新审视景观、城市、建筑的设计与人们的日常生活方式和行为的关系。

城市景观与生态规划设计应达到相互融合的境地。城市的景观与生态规划设计反映了人类的一个新的梦想，它伴随着工业化的进程和后工业时代的到来而日益清晰。这个梦想就是自然与文化、设计的环境与生命的环境、美的形式与生态功能的真正全面地融合。它要让公园不再是城市中的特定用地，而是让其进入千家万户的生活；它要让自然参与设计，让自然过程陪伴着人们的日常生活；它要让让人们重新感知、体验和关怀自然过程。

经过国家住房和城乡建设部的综合评审，佳木斯市在组织领导、管理制度、景观保护、绿化建设、园林建设、生态环境、市政设施等方面均已达到国家园林城市的标准要求，成功晋升为国家级园林城市。近年来，佳木斯市委、市政府始终把创建国家园林城市工作摆在重要日程，以保护植物多样性、推进城乡园林绿化一体化、实现人与自然和谐发展、建设生态文明城市为宗旨，以创建国家园林城市、构建东部绿色滨水城市为目标，本着统筹规划、依法治理、依规兴建、科技建设的原则，致力于把佳木斯建成园林绿化总量适宜、分布合理、植物多样、景观优美的绿色之城。如图4-7所示。佳木斯市城市规划与生态规划达到了相融合的状态，在城市规划的过程中，佳木斯市将绿化建设、园林建设、生态环境建设等作为建设园林城市的要求，可见其对景观生态的重视。

图4-7　园林城市佳木斯

　　城市园林的建设要求把生态绿化提升到环境效益高度。城市园林作为一个自然空间，对城市生态的调节与改善起着关键作用。园林绿地中的植物作为城市生态系统中的主要生产者，通过其生理活动过程中的物质循环和能量流动，如光合作用的释放氧气，吸收二氧化碳，蒸腾作用的降温、根系矿化作用净化地下水等，对城市生态系统进行改善与提高，是系统中的其他因子无法代替。在生态理念下，采取有效措施优化城市绿化的环境效益。

　　结构布局合理的城市绿化系统，可以提高绿地的空间利用率，增加城市的绿化量，使有限的城市绿地产生最大的生态效益和景观效益。

　　国家级园林城市西宁气压低、日照长、雨水少、蒸发量大、太阳辐射强，日夜温差大，无霜期短，冰冻期长，冬无严寒，夏无酷暑，是天然的避暑胜地，有"夏都"之称。随着经济的全面发展和国家支持力度的不断加大，西宁市以城市道路、广场、街头绿化带为骨架，以市区各单位、住宅小区为内环，开始实施"双环"战略。西宁通过自身的规划和改造成为园林城市的标志和榜样，通过"双环"战略、整体规划、建景增绿等有效途径，改造了城市小环境，从而优化了城市绿化系统，这些城市规划改造活动为城市的生态效益和景观效益做出了巨大贡献，如图 4-8 所示。

图 4-8　园林城市西宁

第五章　地域性城市景观设计

大自然赋予人类一个多姿多彩的生活环境。不同的经纬线区域，地域景观各具特色，每个国家都有其独特的风景，同一个国家的不同地区也因其地域的自然地理位置差异而形成丰富多样的景观特征。本章通过对地域性特征、景观设计以及城市景观设计内涵的深入分析与探讨，从地域性特征中的自然与人文两个层面入手，详细分析与研究这两个层面中的各个因素，并讨论它们在景观设计中的可行性与应用方法。在分析各个因素的基础之上，通过把握城市景观设计的分类与特征，解读城市景观设计中需要遵循的原则，进一步研究地域性城市景观设计的表达手法以及在地域性城市景观设计中需要应用到的技术与材料。

第一节　城市景观设计概述

一、城市景观设计的分类及特征

（一）地域景观

地域是一种学术概念，是通过选择与某一特定问题相关的各个特征并排除不相关的特征而划定的。费尔南·布罗代尔认为，地域是个变量，测量距离的真正单位是人迁移的速度。

地域通常是指一定的地域空间，是自然要素与人文因素作用形成的综合体。一般有区域性、人文性和系统性三个特征。不同的地域会形成不同的镜子，反射出不同的地域文化，形成别具一格的地域景观。这里所说的一定的地域空间，也叫区域。其内涵包括：①地域具有一定的界限；②地域内部表现出明显的相似性和连续性，地域之间具有明显的差异性；③地域具有一定的优势、特色和功能；

④地域之间是相互联系的，一个地域的变化会影响到周边地区。因而，地域主要是一个地区富有地方特色的自然环境、文化传统、社会经济等要素的总称。"地域"是一个具有具体位置的地区，在某种方式上与其他地区有差别，并限于这以差别所延伸的范围之内。

鉴于景观概念的宽泛性和景观类型的区域性，针对景观的研究必须限定于特定的方面和区域才有实际意义。地域景观是指一定地域范围内的景观类型和景观特征，它是与地域的自然环境和人文环境相融合，从而带有地域特征的一种独特的景观。

法国设计师 Mathieu Lehanneur 完成了首个城市"数码港"开发项目"Escale Numérique"，如图 5-1 所示。这个小亭子的屋顶上覆盖了一层植物，让人联想到公园里大树的树冠。屋顶下方设计了几个座椅，座椅就像大树下冒出的几颗蘑菇。这些用混凝土制作的公共座椅上还配备了迷你桌板以及为笔记本电脑提供的电源插座。同时，在中心位置还有一块触摸屏，上面将实时更新各种城市服务信息，如指南、新闻和为参观者和旅游者提供的互动标识等。这个设计从顶部观看将有更好的效果，它将成为一种全新的城市建筑语言。这款城市小型的"绿岛"数码港将安置在城市各个角落，成为城市建筑的新鲜元素，也成为景观艺术的创新设计。

图 5-1　城市公共景观设施

（二）城市景观设计

城市景观是指具有一定人口规模的聚落的自然景观要素与人文景观要素的总和。它是由城市范围内自然生态系统与人工的建筑物、道路等一同构成的空间景象，是物质空间与社会文化互动以及多种复杂因素互动的体现。它具有丰富的内涵。

现代的城市景观设计主要包括以下几个部分：

（1）城市中心设计。现代城市中心一般都是与商业中心以及重要建筑群紧密相连，所以城市中心的景观设计尤其重要，甚至可以说是衡量一个城市发展水平的重要指标。这些区域一般面积不大，但是要设计出好的作品并非易事。

（2）街道设计。街道是贯穿整个城市的生命线，具有一种整体的脉络特征。街道的景观设计对整个城市的景观设计风格具有一定的影响。

（3）城市开放空间设计。这里的城市开放空间主要是指城市里相对比较大型的开放空间，如广场、城市公园等。

（4）社区公共空间的景观设计。如今社区之间的公共空地，是人们活动最为频繁的区域，国外早就对社区公共空间的景观设计进行了密切的关注。

北京王府井商业街上，各种人物造型和带有文化特点的雕塑形象丰富了王府井大街的文化氛围，同时也拓宽了王府井商业街的艺术空间。

如图5-2所示，北京王府井步行街上的景观雕塑艺术品凭借独特的艺术特色，成为北京商业繁华地带的标志。北京作为明清王朝的都城，拥有极其浓厚的文化、艺术底蕴，现代雕塑艺术家将这些时期的代表人物形象雕塑出来，既宣扬中华民族悠久的历史文化，也展示出不同时期的人物装束造型。雕塑与现代艺术结合在一起，展现出北京新、旧时期艺术风格的变化。

图5-2　北京王府井大街雕塑

（三）城市景观设计的分类

城市景观设计的分类，需要从不同的角度以及自然景观特征和人文景观特征两个不同的层面考虑，分类方法有很多种。以下分别从历史、区域、民族几个角度来详细阐述。

1. 历史角度

每一个城市的成长都伴随着人类历史的发展，因而一个城市的结构、形式和城市内容都会与历史产生关联。不同历史时期的城市特性是不同的，从而呈现出不同的城市景观。体现历史性特征的城市景观，因为历史时间的不同具有明显的时代差异。

人们可以从不同的历史时代背景及历史发展的角度，将城市景观，分为古代城市景观、近代城市景观、当代城市景观及现代城市景观。

如图 5-3 所示的沈阳的"九一八"纪念馆就是以日历的形式，构建了一个巨型景观雕塑，上面刻着 1931 年 9 月 18 日，雕塑内部是一个三层的展览室，陈列着有关"九一八事变"的资料，作品把纪念碑和展览馆的双重功能进行巧妙结合，使建筑与雕塑合二为一，既有功能又不缺乏精神内涵与纪念意义。

图 5-3　沈阳的"九一八"纪念馆景观

由韩国设计师格瑞斯（Grdisa）设计的位于斯洛文尼亚卢布尔雅那的城市景观雕塑，如图 5-4 所示，占地面积 25 平方米。此城市景观雕塑是 Tivoli 公园新的标志。通过景观的放置，重新激活了 Tivoli 公园这片草地，开辟了一个新的入口公园。由此建立了切洛夫斯卡街、Tivoli 运动场和活动大厅与 Tivoli 公园之间的联系。卢布尔雅那城市雕塑还被用来将艺术装置及博物馆的位置告知游客。隐藏在公园里的有博物馆、花园和植物园。该雕塑通过运用明亮的对比色，雕塑形成一个开放、清晰和动态的结构形式，与周围环境融为一体。这个雕塑框架代表了花开的五个不同的阶段。基于这种形式，这个动态雕塑吸引了不少游客和行人。

图 5-4　斯洛文尼亚卢布尔雅那雕塑

2. 地理位置角度

从地理位置角度进行划分的依据就是一个城市所在的自然地理位置。每一个城市所处的自然地理位置都不一样，因而其自然条件，如气候特点、地形地貌等也不尽相同，自然条件会对城市大环境景观产生影响，导致城市景观之间产生地域性的差异。

所以，从地理位置的角度进行划分，可以将城市景观分为平原城市景观、山地城市景观、滨水城市景观、草原城市景观等。

如图 5-5 所示的青岛五月风景观，该景观充分展示了青岛作为岛城的历史足迹。该景观雕塑采用的材料为钢板，并辅以火红色的外层喷涂，其造型采用螺旋向上的钢板结构组合，以洗练的手法、简洁的线条和厚重的质感，表现出腾空而起的"劲风"形象，给人以"力"的震撼。景观整体与浩瀚的大海和典雅的园林融为一体，成为"五四广场"的灵魂。景观本身与城市环境融合在一起，它的公共性，欣赏性、形式美都得到表现。

图 5-5　青岛五月风景观

　　美国芝加哥广场的景观雕塑，如图 5-6 所示，位于芝加哥千禧公园的云门，芝加哥人称之为"豆子（The Bean）"。它由英国设计师安易斯（Anish）设计，整个景观雕塑是用高度抛光不锈钢打造，表面采用镜面处理，整个景观雕塑又像一面球形的镜子，在映照出芝加哥摩天大楼和天空朵朵白云的同时，也如一个巨大哈哈镜；当人们站在它面前时自己也和四周的建筑融合在一起。这个雕塑吸引了很多游人驻足欣赏雕塑映出的别样的自己。

图 5-6　芝加哥千禧公园景观

3. 民族角度

　　我国是个多民族国家。不同的城市里居民的民族成分和宗教信仰也不一样，而这些民族和宗教的内容会体现在城市的某些景观上，尤其是在一些少数民族聚居的地区以及宗教活动的集中地点，这些带有民族和宗教特征的城市景观更加突出，甚至成为一种独特的城市风貌。

就民族而言，由于每一个民族历史发展的形式不一样，生活习俗、民居样式、民俗风情以及活动节日的形式也富于多样化，在人文景观层面表现出纷繁复杂、丰富多样的景观面貌，使整个城市呈现出特有的民族特色城市景观。例如，我国的一些少数民族自治区的城市景观，就带有很强的民族特色。

北京的十三陵中的石兽共分为6种，每种4只，均呈两立两跪状。将它们陈列于此，具有一定含义。例如，雄狮威武，而且善战；獬豸为传说中的神兽，善辩忠奸，惯用头上的独角去顶触邪恶之人，狮子和獬豸象征守陵的卫士。麒麟为传说中的"仁兽"，表示吉祥之意。骆驼和大象忠实善良，并能负重远行。骏马善于奔跑，可为坐骑。石人分勋臣、文臣和武臣，各4尊，为皇帝和生前的近身侍臣，均为拱手执笏的立像，威武而虔诚。在皇陵中设置这些石像，主要起到装饰、点缀的作用，以象征皇帝生前的威仪，表示皇帝死后在阴间也拥有文武百官及各种牲畜可供驱使，仍可主宰一切。如图5-7、图5-8所示为十三陵仪卫性雕塑局部景观。

图5-7　人物仪卫性景观　　　　　　图5-8　兽类仪卫性景观

（四）城市景观设计的特征

城市景观受到其构成要素及各要素之间复杂关系的影响，使得城市景观具有以下几方面的特性。

1. 人工性与复合性

城市景观区别于自然景观的最大特征就是人为建造，城市的建筑物和街道等景观均是人工建造的产物。甚至城市中的公园、山体、河流也无不存在人造的痕迹。

城市的存在离不开一定的自然条件。因此，城市景观实际上是自然要素和人文要素复合的产物，它是表现多种复杂的要素交织作用的载体。

如图 5-9 所示为青海湖自行车赛景观，第八届环青海湖国际公路自行车赛于 2009 年 7 月 17 日至 26 日在青海举行，来自五大洲的 21 支车队齐聚高原展开角逐。设计师以比赛设计一系列的主题性雕塑，以运动、团结、友好的理念欢迎各方人士。

图 5-9　青海湖自行车赛景观

2. 地域性与文化性

任何城市都有其特定的自然地理环境和历史文化背景。地域性包括城市景观个体之间彼此的不同以及地域族群之间的个性两个方面。两者反映在景观上，表现为城市的景观元素及其结构的差异，进而反映出城市与城市之间的整体景观特征的差异。

城市文化性指的是城市景观具有某种独特的文化特征。由于民族风俗与地域环境等因素的综合作用，各地在长期的建设实践中形成特有的建筑形式与风格，加上人们对空间景观的认识存在很大差异，形成了每个城市各自特有的景观特征。正是城市景观的地域与文化特性，造就了千姿百态的城市景观。

在欧美许多城市，城市景观既是国家文化的标志和象征，又是民族文化积累的产物。城市景观雕塑凝聚着民族发展的历史和时代面貌，反映了人们在不同历史阶段的信仰与追求，标志着国民价值观念及相应审美趣味的变化。中国的秦始皇兵马俑、汉代霍去病墓石雕、唐代乾陵石雕、法国凯旋门上的浮雕《马赛曲》、意大利佛罗伦萨的大卫像等，都代表了当时历史阶段的审美趣味和文化艺术的最高成就。

美人鱼雕塑因《安徒生童话》而成为哥本哈根的标志，如图5-10所示；表现战斗不屈的华沙美人鱼因深入人心的民间传说而成为华沙市的代表，如图5-11所示；歌颂战后恢复重建的千里马成为平壤市的象征，如图5-12所示；描写城市起源的五羊石像则成为广州的标志。

图5-10　美人鱼景观

图5-11 华沙美人鱼景观

图5-12　千里马景观

3. 功能性与结构性

　　城市景观的功能性是城市景观的具体外在的表现。城市景观不仅是为"观"，还能起到反映城市的功能。1933年，国际现代建筑协会拟订的《雅典宪章》中提出了城市的居住、工作、游憩和交通四大功能。围绕这四大功能产生了丰富的城市景观，如居住有各种住宅建筑景观，工作有商业、工业和农业景观等，游憩有园林和广场景观等，交通有街道和车辆景观等。城市景观的结构性在于城市具有一定的结构。城市道路网结构，城市肌理等都反映了城市的景观结构。如图5-13所示的蘑菇亭子景观，坐落于公园等公共场所，既为人们提供休息乘凉的地方，又美化城市环境。

图 5-13　蘑菇亭子景观

4.秩序性与层次性

秩序性是感知城市景观有序性效果的特性之一。首先，自然景观是有秩序的客观存在，反映了自然界的规律；第二，任何城市都有其自身的发展过程，它经历了一代又一代人的建设与改造。不同时代有不同的城市风貌，城市景观随着城市的发展而渐变，但不同时期的建设多少会留下痕迹，即城市的历史发展沉淀，它反映出城市有秩序的发展轨迹；第三，在城市建设中，人们总是想要体现某种思想、意识形态，根据一定的法则建造城市。例如，体现王权、封建分封制或自由民主等思想，都会呈现出相应的秩序性，使城市景观具有一定的秩序性。

城市景观的层次性是指各景观具有不同的等级。最普遍的是被划分为宏观（重要景观）、中观（次要景观）和微观（一般景观）等三个层次。例如，就城市中的建筑景观而言，在宏观上表现为建筑的布局形式，在中观上表现为建筑的外形，而在微观上表现为建筑细部构件的式样等；就城市而言，作为城市标志的地标是城市重要景观，一般都位于城市的核心区域，它是公众共同瞻仰的视觉形象，同时由于其精神内涵而成为公众心目中共有的特定形象，它的影响范围辐射整个城市乃至更大的区域；城市中的次要景观影响的辐射范围在城市中的某一个区域或次分区域内；而城市中的一般景观的影响范围只限于某一个小区或更小的地带。

如图 5-14 所示的城市景观，是想告诉人们不要随意乱丢垃圾，要爱护环境，起到了宣传教育的作用。整个雕塑的造型自然，线条流畅，形象地表现了从桶中倒出来的垃圾流到地上的场景，具有美感。

图 5-14　倒垃圾景观

5. 复杂性与密集性

城市的形成和发展总是基于一定的自然基础的，城市景观也具有一定的自然特征。但是，城市作为人类改造自然最集中的地方，城市景观更多的是人工景观。人工景观包括人类生活、生产的各种物质和非物质要素的各个方面，极其丰富多彩。同时，城市景观所处的环境由于人们的活动而变得复杂。城市中不仅存在着自然光、自然声，还存在着种类繁多的人工光、人工声等环境要素。景观环境的复杂性一方面强化了景观本身的复杂性，另一方面也影响了人们感知城市景观的复杂性。

城市景观的密集性主要表现在景观要素的密集性上。由于城市的人口密度大，建筑密度高，尤其在城市的中心商务区，高楼林立，道路成网，各种景观要素相互交叉，相互影响，形成景观密集的现象。

在形体、色彩、质感、韵律、节奏、光影诸方面，城市景观可以丰富环境，使环境活跃起来，充满生气。耗资 25 万美元建于芝加哥联邦政府中央广场的火烈鸟景观，如图 5-15 所示，以高达 15 米的红色钢板形状使灰暗呆板的建筑环境顿时生机勃勃。落成当日，芝加哥数十万人兴奋地举行庆祝活动，显示了城市景观改造环境的巨大力量。

图 5-15　火烈鸟景观

6. 可识别性与识别方式的多样性

城市景观的可识别性指的是人对城市景观的感知特性。城市中存在着大量的观景人，每个人都有不同的文化和社会背景，具有不同的审美观、价值观，对景观的识别是具有选择性的。每一个景观客体要素不一定对每个人都是有意义的。

城市中的人们对景观的识别方式也不尽相同。由于采用了不同的识别方式，人们对景观的感知也会有所差异。例如，步行观景与乘车观景对景观感知的结果是不一样的，在高楼上鸟瞰城市与在地平面上观察城市的感受也是不一样的。

近代工业的发展带来的技术革命，给制作巨型纪念性雕塑创造了条件。在这方面较突出的代表作品是美国的自由女神景观，如图 5-16 所示。自由女神景观是法国赠给美国独立 100 周年的礼物，位于美国纽约市附近，是雕像所在的自由岛的重要观光景点。法国著名雕塑家巴托尔迪历时 10 年完成了雕像的雕塑工作，女神的外貌设计来源于巴托尔迪的母亲，而女神高举火炬的右手则是以巴托尔迪妻子的手臂为蓝本。自由女神穿着古希腊风格的服装，头戴光芒四射的冠冕，有象征世界七大洲、四大洋的七道光芒。女神右手高举象征自由的长达 12 米的火炬，左手捧着刻有 1776 年 7 月 4 日的《独立宣言》的铭牌，脚下是打碎的手铐、脚镣和锁链。她象征着自由、挣脱暴政的约束。花岗岩构筑的神像基座上，镌刻着美国女诗人埃玛·娜莎罗其的一首脍炙人口的诗。景观雕像锻铁的内部结构是由巴黎埃菲尔铁塔的设计师居斯塔夫·艾菲尔设计的，它在 1886 年 10 月 28 日落成并揭幕。自由女神像高 46 米，加基底为 93 米，重 200 000 千克，由铜板锻造，置于一座混凝土制的台基上。自由女神的底座是著名的约瑟夫·普利策筹集 10 万美金建成的，现在的底座是一个美国移民史博物馆。自由女神景观集建筑、科技、艺术于一身，完美地体现了时代的精神。

图 5-16 自由女神景观

二、城市景观设计遵循的原则

城市园林景观设计主要以园林艺术的原理为基础，与城市景观和周围环境的共处及城市规划、园林植物、园林工程、测量等学科有着直接的联系，也必然和艺术、历史、文学有着密切的联系。

城市园林景观设计的任务就是要运用当地城市地貌、植物、建筑等相关物质要素条件，以一定的经济、自然、工程技术和艺术规律为基础，充分发挥园林景观的优势，因地制宜地规划和设计城市园林景观，合理科学地营造人类宜居的城市空间，以利于城市未来发展。

（一）城市园林景观设计原则

城市园林景观设计的最根本目的就是创造和谐的人居环境。一方面，城市园林景观是反映城市社会意识形态的空间艺术形式，它可以满足这个城市人们居住的精神需求；另一方面，城市园林景观也是社会的物质表现，是现实存在的社会公共实物，也是现代城市物质生活和精神生活需要的反映。

1. 科学依据

在任何一个城市的园林营造必须依据工程项目的科学性原则和技术要求才能实现。在当今社会发展迅速的城市中，在周围环境存在下，没有合理的安排和规划景观环境，必然会影响到城市的发展，引起城市居住群体的排斥。所以，必须结合当地城市的具体情况，对其园林景观的地形和水体进行规划。在此前提下对城市发展时期的水文、地质、地下水位都要做详细的记录和研究分析。可靠的科学数据统计和收集对城市特有地形改造提供了坚实的理论基础，这些都是工程建设稳定有序开展的保障。

同样，对于植物的种植和管理以及分配也要按照植物的属性来具体安排，必须尊重植物的生物学特性，根据植物的喜阴喜阳，耐寒、耐旱、怕涝等不同的生长习性做科学的布置。在城市园林景观设计中，要应用很多科学技术，如水利、土木工程、建筑学、园林植物学等。所以，城市园林景观设计在城市发展的同时，要以科学的理论依据作为首要条件。

2. 社会需要

园林景观是属于社会发展的上层建筑领域，它在反映一个城市的社会需求和意识形态上，对一个城市的发展起到决定性的推动作用，在物质文明建设和精神文明建设两个层面提供帮助。所以，在对城市发展以及各方面促进的前提下，必须全面了解社会需求和城市特性。

3. 经济需要

经济条件是城市园林景观的重要构成要素，同样的城市景观空间可以应用不同的规划和设计方案，采用不同的建筑材料，种植不同的植物，可以改善空间的造型效果，同时也可以减少经济开支和成本。在城市景观空间把植物做点状造型的分布，发挥点线面的构成原理，可以使城市景观和周围环境相和谐，达到提升城市景观环境的最终目的，实现城市景观空间的稳步发展。

4. 生态原则

在城市建设的过程中，人类的各种行为时刻影响着自然生态环境，现代社会生态要素成为各界人士积极关注的热点。因而，在进行城市景观设计时，设计者必须充分考虑地域生态结构，注意生态化的设计原则。

在设计的过程中，首先要利用设计地域独具特征的要素，尽量保持原有的地形地貌特征；其次要注意维护当地的生态平衡，保证景观生态链的协调有序；最后还要注重生态系统的承载能力，要处理好自然景观与人工景观之间的关系。

5. 系统原则

城市景观是一个由城市景观要素有机联系组成的复杂的、开放的及动态的系统，一个健康的城市景观系统应该具有功能上的整体性和连续性。城市景观的演变反映人类历史的进程，这要求城市景观建设中要突出重点，把握景观的主要结构，协调好景观系统中各子系统之间的关系，以强化城市景观的整体效果，突出城市景观的特色。

6. 地域原则

在进行城市景观设计时，应充分考虑当地的自然和人文景观特征，在不破坏其自然地理条件和社会文化背景的情况下，利用地域的自然地理特征、地域文化以及地方民风民俗，强化当地的地域特征。

7. 时代原则

在社会及科学技术发展的不同时期，人们的生活方式和价值取向存在差异。因此，在城市景观建设中，我们应尊重城市的历史，不能人为地割裂城市历史与景观建设之间的关系，并且还要体现出时代精神。在城市景观的建设过程中要保持时代的特征，体现出不同时期的发展脉络特征，以满足人们在城市这座历史博物馆中舒适生活和工作的需求。

8. 视域原则

良好的城市景观要能给观景人以适当的观赏空间，即视域。尤其是那些反映城市特色的标志性景观，应具有良好的视域环境，能够展示标志景观的全貌。在城市的重要景观节点之间以及城市地标与人流集散地之间建立通往廊道，可以提高城市地标的视线频率。

9. 艺术和功能要求

当今城市的发展和对美的审视密切联系在一起，每个城市都有自己特有的标志和属性，在不同的地域下，城市文化历史背景的差异展现出多样的城市特征。同时，园林景观在城市中的功能要求得到进一步提升，创造出景色优美、环境优雅、适宜人居的园林空间。城市园林空间的功能和审美上也在互相影响的作用，利用人工手法来改造实地的原貌特征，可以使城市景观空间变得合理和科学，给居住在城市中的人们提供便利，达到城市园林景观空间的艺术和功能要求。

（二）城市园林景观规划设计原则

美观、适用、经济是城市园林景观设计的最基本的原则。城市园林景观设计是综合性很强的学科，所以要求在美观、适用、经济之间寻找平衡，它们三者之间有着互相制约和可协调的关系。但是，在不同的条件和环境的影响下，它们之间的制约关系也会发生变化，重点一方也会有所变动和调整。

在现代城市飞速发展的脚步中，人们对生活环境更多的要求的是适用。城市园林景观的适用性，第一是要符合因地制宜的原则；第二是理解对象群的需求并服务于对象群。

西安大雁塔广场就是以西安这座古都历史人文为依托，通过对地形的整理和雁塔区的整体规划，根据古都城墙和皇城的布局结构，建成了以大雁塔为中心的方形放射状规划发展的布局形态，城市的园林景观规划设计在城市整体风貌中也得到充分发挥和因地制宜地利用。

所以，在城市园林景观发展的同时，适用性是非常重要的环节，之后才会考虑到经济问题。其实，正确的选址和在一定的区域内发展和规划设计，需要不少投资成本，因为最为合理的环境规划和改造本身就需要很大的改动和保护，但是这些投资和输出都是必需的建设成本，因为城市园林景观本身就是一种艺术载体，它需要合适的对象作为依托和承载。但是在适用和经济两者同时满足的条件下，就要以艺术的角度来考量满足人们生活质量的精神需求，就要达到园林布局、景观、造景的艺术要求。其实园林景观设计中对艺术的要求还是很高的，因为它最终的目的是满足人的精神享受，是从物质到精神的回归，这也就是以另外一种特殊的方式来反应和回馈出它们的价值。

城市园林景观设计过程中，美观、适用、经济三者都不是独立存在的，三者之间有着相互牵制和制约的作用。如果只是一味地追求美观，不考虑城市发展和规划的成本，也不可能实现目标，同样只追求适用性，不考虑园林景观的美感，那也不会得到人们认可的城市规划。所以必须在满足这三者的条件下做到互相协调、统一结合，才能充分发挥出园林景观设计在城市发展和规划中的重要作用。

沃尔特·迪士尼音乐厅由普利兹克建筑奖得主弗兰克·盖里设计，建筑造型独特，具有结构主义建筑的重要特征。弗兰克·盖里以设计具有奇特不规则曲线造型和雕塑般外观的建筑而著称，并善于使用断裂的几何图形探索一种不明确的社会秩序，因此其作品呈现独特、高贵和神秘的气息。

迪士尼音乐厅位于霍尔大道，宽阔的马路对行人来说缺乏亲切感。奇异的扭曲的屋面使人印象深刻，大胆的想象和巧妙的空间布局也让人叹为观止，独特的建筑造型成了音乐厅的标志，建筑周围开放空间的设计，增加了建筑和街道的亲切感，如图5-17所示。音乐厅的外部覆盖着以意大利石灰石及不锈钢做成的花瓣外表，视觉上给人以很舒适的感觉，如图5-18所示。

图 5-17　开放式设计

图 5-18　不锈钢墙面

　　音乐厅的室内舞台背后设计了一个 12 米高的巨型落地窗供自然采光，白天的音乐会如同在露天举行，室内室外融为一体。屋顶花园是迪士尼音乐厅的一个特色设计。位于车库楼板顶上的屋顶花园（约 15 米），实际上是一个围绕在音乐厅主体建筑周围的大平台。这座花园是由景观设计师梅林达·泰勒设计，它向公众开放，可以从格兰特大道通过台阶直上花园（见图 5-19），这个屋顶花园最大的特点就是可以从位于建筑物底座的车库四角的任何一个入口台阶进入。

　　音乐厅给人一种庞大、精致、高雅的感觉，因此建造一个更加人性化的花园比较贴近整个建筑物的气质。设计师希望花园能够为人们带来更多欢乐，成为每一个人享受自然的乐土，而不是只供给那些参加音乐会的观众进行休息。逐级登上长长的台阶，花园带给人的第一印象便是参差起伏的植物柔化了的高调张扬的建筑形式。

图 5-19　台阶

由于空间狭小，花园的布局很简单。蜿蜒的园路由种植区限定而成，引导着游览线路，如图 5-20、图 5-21 所示。

图 5-20　花园道路 1　　　　图 5-21 花园道路 2

莉莲迪士尼纪念水景不再有植物遮挡，留出了足够的视线范围，照射在不锈钢外墙上的阳光直接反射在水景上，使洁白的瓷贴水景更加光彩夺目。从造型上看，水景是一朵由陶瓷贴成的玫瑰。上百件皇家代尔夫特陶瓷的花瓶与瓦片被现场打碎成八千多块碎片，由八位陶瓷艺术家用高超的技术拼贴完成，形成了漂亮的景观艺术品，成为公园里的一大特色，如图 5-22 所示。

图 5-22　莉莲迪士尼纪念水景

纪念水景广场往东，是掩映在浓荫下的儿童剧场。这是一个由混凝土搭建的圆形剧场，供小型的演唱会和其他公共活动所使用，坐凳的大小符合儿童的使用比例，如图 5-23 所示。

除了这两处较大的人流集中地，便是零星分散的休憩小天地。这些小天地被安排在花园的边缘，既营造了私密惬意的小空间，又提供了向外远眺的观景点，如图 5-24 所示。

图 5-23　儿童剧场　　　　　　　　　　图 5-24　远眺观景

　　这些小天地选用色彩鲜艳，植株规格较小并有篷型树冠的植物，更好地装饰了园内的景观。绿色树冠与建筑物坚硬的外表形成对比，在一定程度上减弱了金属外壳的冰冷感。植物品种简单，观赏效果随季节变化，能让人更有回到自家庭园的感觉，如图 5-25 所示。

　　如图 5-26 所示，音乐厅东北面的洛杉矶音乐中心和平广场有一个巨大的火炬造型的雕塑，也是该区域的重要标志，象征着音乐厅如同火焰一样，绚烂夺目、生生不息。

图 5-25　植物装饰　　　　　　图 5-26 和平广场火炬造型景观

三、城市园林景观设计的发展前景

　　在中国园林发展史上，中国造园水平令世界啧啧称奇，中国园林更多地表达了当时人们对无限美好生活的向往。在中国几千年的历史长河中，遍布大江南北的园林景观，园林建筑数不胜数。江南有景色秀丽的苏州园林，包括拙政园、留园等很多被列入世界文化遗产的文化单位，但是这些园林受到不同时代历史的变迁以及不同社会背景下不同需要的影响，与此同时也有很多皇家园林在同样的历史长河中都在随着社会需求的变化而变化。

中国城市园林发展至今，经过了一段很漫长、很艰难的道路。在改革发展后期，政府非常重视这个民生工程，把它当作一个国家形象发展的首要任务。在"第一个五年计划"里，提出了"普遍绿化，重点美化"的方针，并把方针列入未来城市建设发展的总体规划当中。改革开放给城市园林景观规划带来了新的发展动力和机会，1995年，全国的城市绿地平均总面积达到了67.83公顷，城市绿化覆盖面积达到23.9%，城市园林景观公园3 619处，平均公园面积7.26公顷，人均占有公共绿化面积5平方米，改革开放为中国城市园林景观的发展注入了新的动力。现在正是景观园林快速发展的时期，社会经济快速、稳定、持续的增长给园林事业奠定了坚实的基础。在近些年里，全国城镇人口的比重上升，城镇人口迅速增长，据2017年国家有关部门的最新统计报告显示，城镇人口和乡村人口在数量上持平，按照粗略估计城镇人口数量增长势头还会继续保持。

我国城市规划定额指标规定，城市公共绿地人均占有面积要达到7平方米，这意味着需要增加公共绿地15亿平方米。从这些数据可以看出，城市园林景观的需求量和发展的空间是巨大的，这将刺激城市园林景观的市场发展。改革开放以来，全国住宅面积达到230亿平方米，城镇人口的人均住宅面积也不断增加。20世纪初期，每年建设住宅的建筑面积都在6亿平方米以上，慢慢地人们对住房环境的需求从室内转向室外。各地政府和企业也在大力发展城市园林景观工程，作并把它当作市场一个新的吸引力。2008年在北京举办的第29届奥运会和2010在上海举办的世界博览会以及2011年在西安举办的世界园艺博览会，这些世界瞩目的盛会，展示的都是风景园林建筑大师们的杰出代表作。北京市政府提出的"绿色奥运、科技奥运和人文奥运"的理念，把奥运会和北京的城市建设、城市景观规划、环境保护紧密联合在一起。在奥运会举办之前，国家斥巨资推广使用清洁能源，建设园林绿地，提高了城市的绿地覆盖面积，完美体现了北京奥运会的主题。绿色奥运的理念体现在城市发展的诸多方面，如环境保护、交通、园林等。同样，2011年西安世界园艺博览会，提出了"天人长安，创意自然——城市与自然和谐共生"的理念，在打造西安本土文化的同时，发挥古都西安的历史人文优势，在此基础上提高西安城市景观建设和园林绿化的发展步伐，为2011年西安世界园艺博览会提供一个优美的绿色舞台，同时也提升了这个文化大都市的整体风貌和国际形象，如图5-27所示。

图 5-27　西安世界园艺博览会鸟瞰图

　　近些年，社会不断发展，城市工业的污染以及城市人口的迅速增长，导致了城市环境的日益恶化，原有的绿地现在已经承载不了城市发展的压力，不断建设的大型园林活动起到了积极的作用。但是因为传统园林的制约，这些园林建筑并没有在根本上阻止环境的恶化。另一方面城市人口的增长对居住空间的需要也同样增加，居民的基本生活环境没有好的保证，户外运动场地缺乏、土地资源缺失等问题，仅靠园林绿化是无法解决的；由于财力的限制，又无法广泛实现高投入的城市园林景观和环境整治工程；自然资源的利用，整体生态的破坏导致生态环境非常脆弱。这些因素使中国城市园林发展面临着前所未有的挑战，但是从好的方面分析，这也是中国园林事业一个难得的机遇。

　　现代城市园林景观的建设和发展，是人类社会进步和自然演变过程中一种人和自然相互协调的关系。在当今社会其他领域发展的同时，人们必须认识到城市和谐发展的重要性和历史使命，如果不能正确认识社会发展的规律、人类自身的条件以及自然发展的趋势，城市园林景观的发展只能停留在装饰这一简单的层面上。

　　纵观近些年来世界城市的发展和城市园林景观的进步，我们可以看出，由于社会经济的不断提高以及人们对环境认识的进一步加深，城市园林建设有了飞速的进步，主要总结为以下几个方面。

（一）城市园林景观的迅速增长

　　近些年，国内各城市园林景观建设的数量不断增长，园林景观不断地推陈出新，面积越来越大。在国内举办的各类园林城市、生态城市的创建项目上，主办方都进行了相应的投资和努力。

（二）发展类型的多样化

随着社会经济水平的不断发展，城市园林建设实现了质的飞跃。最近几年，除传统意义上的公园、花园以外，各类新颖、富有新鲜特色的城市园林景观也不断呈现在人们居住的生活空间周围。其具有的功能和提供的服务也因受众群体的多元化而逐渐丰富，充分体现了园林景观发展类型的多样化[11]。

（三）崇尚自然

现有的城市景观布局利用植物来改变造型，以植物造景为主。在主题公园和园林的规划方面同样应用植物来营造出层次丰富的园林空间。园林景观对建筑的依赖相对降低，以追求自然、清新的园林景观为主，最大限度地让人们处于自然的气氛当中，给人一种重返大自然的感觉。

（四）科技投入

现代城市园林的管理和运营方式有了很大的变化，特别是在园林绿化管理上应用了先进的技术设备和科学的管理方式。园林绿化的养护、操作全部实行机械化，在此基础上的管理和后期的辅助设计管理等广泛采用电脑监控、统计计算。

（五）交流扩展

随着国家之间文化交往的增加，中国园艺技术也在向向西方国家借鉴和学习，与此同时，也通过国际各种性质的交流活动进行宣传，将自己的成果展现给世界。类似园林、园艺博览会、艺术节等活动极大地促进了城市园林景观事业的发展。

以上分析可以看出，现代中国城市园林景观的发展步入了飞速成长的阶段，中国城市园林景观的发展前景十分美好。我国在园林艺术上有着深厚的历史底蕴，现代中国园林景观设计只有在继承中国博大的历史人文精神和优良的传统的基础上，通过学习借鉴国外的园林精髓，结合中国古老的园林造园技艺，才能创造出具有中国现代特色的城市园林景观。在今后的城市园林景观发展当中，要不断提高园林科研成果，加快城市园林发展的市场化，从而推动我国城市园林景观更快、更好地发展。

如图 5-28 所示的天安门华表建于明成化元年，迄今已有 500 多年的历史。华表以汉白玉雕刻而成，分为柱头、柱身和基座三个部分，高为 9.57 米，重 20 000 多千克。柱身呈八角形，直径 98 厘米，一条四足五爪的巨龙盘旋而上，龙身外布满云纹，在蓝天白云的衬托下，巨龙绰约生动，跃然飞舞，似在云天遨游。在雕龙巨柱上端，横插着朵状白石云板，上面雕满祥云。柱顶端为圆形"承露盘"，据说源于汉武帝时，方士说用铜盘承接甘露，和玉屑服药，可寿八百岁。西汉太初元年（公元前104年）在长安城外的建章宫神明台立一铜铸仙人，双手举过头顶，托着一个铜盘，承接天上的甘露；后来简化为柱顶放置圆盘。承露盘上的蹲兽"犼"，雕刻得栩栩如生。天安门前华表上的这对犼，面向宫外；而在天安门后也有一对规制相同的华表，其上蹲兽犼则面朝向宫内。传说犼性好望，犼面向宫内，是希望帝王不要久居深宫，应经常出去体察民间疾苦，所以名字叫"望帝出"；犼面向宫外，是希望皇帝不要迷恋游山玩水，快回到皇宫来处理朝政，所以名字叫"望帝归"。可见皇宫的华表不单纯是建筑的装饰品，更有时刻提醒帝王勤政为民的象征意义。华表基座呈八角形，借鉴了佛教造像的基座形式，称为须弥座，基座外围以四边形石栏杆，栏杆的四角石柱上各有一只憨态可掬小石狮，头的朝向与承露盘上的石犼相同。为方便游行队伍和交通的便利，1950年8月，华表和石狮向北挪移了6米。默默矗立的华表经历了无数风霜雨雪，见证着中华民族的兴衰起落，同样也见证了中华人民共和国的诞生。华表雕塑雄伟的外形，体现出古代劳动人民的智慧结晶，也反映出人们不畏艰险、克服困难的决心，置身于雕塑所营造的空间之中，可充分体会到中国人民在战争时期不畏强敌、英勇不屈的英雄气概。该庞大的体量带给人们震撼的冲击力，正好与所要表达的题材内容、空间环境和思想感情完美结合。

图 5-28　天安门华表雕塑

第二节　城市景观道路与广场绿地设计的发展

现代城市园林景观中有很多种组成要素，有山、水、植物、建筑等。但是这些要素无论怎么组织和结合，都要在一定空间基础上完成，这就形成了整个园林景观形式和性质的先决条件。地形作为景观布局实现的先天客观条件，决定着城市景观的性质和走势，以此为基础的景观道路与广场分布体将现园林设计者的思想。而依托于景观地形走势，贯穿于景观道路、广场分布的中间因素——绿地设计，则成为结合两者的纽带，构成整个城市园林景观体系，在功能上也起到了提升了园林景观的作用。因此，城市道路与城市广场是整个城市园林景观的重要研究对象，对两者进行研究分析，对提升整个城市景观形象有着巨大价值。

一、城市园林景观中道路与广场的绿地设计

地形在园林景观中是地貌以及地物的统称。通常情况下只要是属于地球表面的立体空间变化都是所谓的地貌，而在地球表面存在的事物就是地物。不同环境下的地貌和地物反映出不同的园林景观特征，只有在完整和谐地形的基础之上，才能设计建造出完美的园林景观，因此地形是园林景观设计的基础。

园林景观地形在选择上必须有一定的秩序性和科学性，地形和园林景观之间有着互补的关系。在现在城市发展的同时，地形的完整性不一定会满足园林的存在目的，所以通常情况下会在两者之间寻找一定的联系，进而达到最理想情况下的园林景观造景。

（一）城市园林景观中地形功能与作用分析

1. 园林景观中地形的功能

园林景观中地形可以利用不同的方式创造和限制外部空间。在特定区域内平地是一种对空间限制的平面因素，在视觉上缺乏立体效果。在园林地形当中陡坡的地面较高点会对整体空间起到限制和封闭空间的效果，但是这种地形越夸张就越有空间感，一般较为平坦的地形会给人平和的感觉，使人感到放松和愉悦，相反比较夸张的地形空间会给人视觉上的冲击。

城市景观园林中这两种布局形式不在少数，在城市小区的居住空间内一般都采用比较平坦的地形，这样地形视觉效果会比较通透，也能增加视觉空间带来的满足感，会让现在拥挤的城市空间得到舒展，但是采用这种地形的前提条件是要

有足够和充分的空间地形作为保障，只有合理利用空间资源才能有效地设计和改造地形条件，以此为城市园林景观提供有力的空间基础。

城市园林景观有很多存在形式，它们的共同点是为人类居住空间的美化和协调服务，这是园林景观存在的价值。地形可以改变景观中的视线效果，而且具有一定的导向性，同时影响某一固定点的可视景物和可见程度，以此形成连续性的观赏。在城市景观设计中要考虑到对某个特别的设计要素进行重点关注，可以利用地形来控制视线的停留和选择，加上景观两边的地势，封锁分散的视觉效果，从而集中视觉的焦点。园林景观中地形可以在自身的基础上利用要素来改善内部道路的布局，通过对道路高低起伏程度、坡度以及宽度的限制，来影响空间人流的数量和速度。一般平坦的道路人们的步伐平稳均匀，人们的选择性就会大大提高。道路性质的改变，如坡度的增加和曲线的频繁出现会对人的行走带来不便，最终导致人们进行选择性的行走。合理的道路规划和布局就要充分考虑以上功能因素，给人们的外出生活带来便捷，从而充分发挥出园林景观中地形的功能。

2. 园林景观中地形的作用

地形在园林景观中可以影响一部分区域的阳光、温度、湿度和风速等。一般的城市景观会利用这几点来对原有空间内的不足进行改造。一般城市景观都会选择朝南方向的坡地，因为这是一年中光照时间最长的地形，长期保持着较为温暖宜人的状态，改变气候成为地形的特殊作用。地形可以弥补原有景观空间形态上的不足，从风向的角度分析，地形的凸起可以阻挡刮向某一场所的风，没有风的时候也可以作为景观屏障。

同样情况下，园林景观地形在艺术形式上也有美学的功能，因为某种特定区域内的地形一旦被利用和占据，就是被当作一种景观要素来使用。通常情况下，作为地形的载体，土壤有很好的塑造性，通过不同的实体和虚体，可以被利用和改造成不同类型的地势，从而具有艺术欣赏价值。地形有很多潜在的艺术视觉性质，同样情况下也可以利用地上的优势和山石结合利用，这样地形的轮廓就会很明朗，平面的形态结构也会很清晰。所以，这些地形的作用在不同的景观环境下都有各自的作用和存在价值，必须充分考虑和分析设计出合理科学的地形基础，来为园林景观的布局做铺垫，这样一个完整的园林景观设计才具有明显视觉效果上的特征。

地形在园林景观中不仅是承载的实体，而且会根据不同的园林形式需要而变化，在特殊自然条件的影响下产生不同的视觉效果，并由此产生层次丰富的光阴效果。地形不是单独存在的，周围的环境会影响和改造它，同时，地形也可以根据园林景观整体的艺术形式和特点进行合理利用。合理地利用好土地资源，地形的优势作用和功能价值才可以得到充分体现。

（二）城市园林景观中地形改造考虑的因素

1.原始地形的考虑

城市园林景观中自然景观的种类有很多种，其中包括山丘、丘陵、江河等，所有的园林景观都是利用原有的地形改造而成的。这就需要通过特殊的艺术手法进行设计，使一个自然的地形成为整个园林景观的承载体。原有地形的选择显得尤为重要，因为一处好的地形可以提供完美的造园条件，这种条件的存在和选择是必须首先考虑的。良好自然因素的介入，可以为园林景观提供扎实的基础。

2.功能分区的地形分析

通常在城市园林景观中，在特殊条件下园林存在的意义不同，即园林景观绿地中，具体的功能分区决定了开展活动的内容。不同活动性质的园林对地形的要求有所不同，一般在城市中心和繁华地段的城市园林景观，因地区人流量比较大，所需活动空间较大，这就要求地形条件必须满足空间的要求。同样随着现代城市生活水平的提高，一般性质的园林景观绿地已经不能满足人们生活的需求。近些年，许多城市园林景观绿地中出现了专门为体育活动提供的场所，这些带有活动性质的主题景观绿地在不断地增加，而且内容形式也有很大的进步。园林景观绿地有着很严格的要求，首先必须保证地势的平坦和空间大小符合预期。与此同时，许多园林景观有文化活动要求而需要建立室内空间活动场地，这类空间要利用园林地形进行改造和规划，利用地形的多变性对周围环境质量进行提升。用来供游客安静休息的绿地空间同样需要借助地形元素，一般都会在这种区域设计和规划山林溪流等要素，对空间进行分隔和重组，使空间具有一定的独立性和封闭性。

因此，在城市园林景观绿地设计中，需要根据不同功能分区处理地形要素，相反的地形本身的多变性原则可以使整个园林景观绿地的艺术效果更加丰富和灵活，这样园林空间的形式就有了特殊性和标志性。创造出园林景观绿地的园中园，比起建筑和植物单一的园林，其艺术效果更具有生气，从直观的视觉效果上更为多元化，让城市园林景观的自然气息更加强烈。

3.园林景观地形的排水

城市园林景观绿地在一定的气候和环境影响下，需要具备一定的承载力，随着现代城市发展步伐的加快，园林绿地的基础设施建设也要充分考虑进去。在城市园林景观中每天游人的数量很多，在雨季多发的季节里，园林绿地的排水系统面临着考验，如果因为气候因素影响降水量增多而又无法及时排出，就会严重影响园林景观的服务性。

通常在园林景观中利用自然的地形和坡度可以进行积水的引流和排出。所以，在最初的规划和设计中要利用好自然起伏的园林地形，合理安排分水和汇水线，保证在园林景观建设之初就有较好的地形规划条件进行自然排水。在这些基础之上可以启动雨水的收集和再利用工程，让园林中每一片景观绿地的排水有效地回收利用。总体的排水方向应该有合理的安排布局。地形排水的考虑因素还包括地形的坡度，在进行园林景观绿地设计时，如果地形的起伏过大或是坡度过大，当纵向长度增加时，就会引起地表径流，产生一定面积的滑坡，所以在地形排水的设计上要做到坡度适中，坡长合理。

4.地形对植物栽培的影响

城市园林景观植物对地形的要求很严格，在改造和利用园林地形的同时也要考虑植物的种植和分配。植物对不同地形下的环境有选择性，但是不同的植物种植会有不一样的园林布局形式和艺术效果，因此可以改变园林地形为植物的生长发育创造出良好的环境条件。一般城市的地形特征比较复杂，对于较低的地形可以通过提高地面，为大多数乔灌木提供适宜的生长环境。也可以利用地形的坡度创造出一个小环境，来种植喜温类植物。在对有坡度的地形进行设计时，设计者应注意植物的选择，因为此类地形水的流失比例比较大，所以应多选择一些耐旱性的植物，避免植物的死亡影响应有的景观效果。

城市园林景观地形和植物的种植必须合理把握地形和植物之间的规律，一般来说，就是把植物种植在适合的环境条件下，同时要依据因地制宜的原则，选择性地利用植物种类，从而使植物的生态习性与园林栽植地生长环境条件相适应，让植物与地形完美地统一起来充分发挥园林景观的艺术功能。因此，适地适树是园林植物配置设计的首要基本原则。近些年城市园林景观建设工程中，选用的植物种类以乡土树种为主，就是遵循了适地适树原则。

二、城市道路绿地设计基础

城市的道路是一个城市的框架基础，城市道路的绿化水平不仅反映了城市的整体面貌，也体现出城市绿化的整体水平，是城市文明的重要标志，所以城市道路绿地是城市园林景观不可缺少的一部分，更是城市建设的一个重要组成部分。道路绿地的系统不仅服务于城市，还给城市居民带来健康、美丽和卫生的生活环境，其在改善城市气候、创造良好的卫生环境、丰富城市景观面貌、构建和谐生态型城市交通系统等方面具有积极的作用。

随着社会的发展，园林部门围绕"创建国家园林城市"这一重要发展目标，开展了一系列的城市园林景观建设，很多城市建成了林荫大道，既实用又美观，同时满足了城市道路绿化要求。该小结通过对城市道路绿地的研究分析，从城市规划与城市景观道路绿化设计的关系入手，总结和归纳出适合城市园林景观的整体发展方向和目标，把城市道路绿地的整体实践理论进行分解和提炼，梳理出符合现代城市道路绿地规划的新目标。

（一）城市道路交通绿地的作用

城市园林景观中道路绿地的设计内容主要由街道绿地、游憩林荫路、步行街、穿过城市的公路和高速路主干道的绿化带组成，它们都是以"线"的形式布局在城市当中。我们可以利用这种特殊的形式联系整个城市"点""面"的绿地，从而组成一个城市完整的园林绿地系统。城市道路是根据特定的城市地形而呈现出来的，是通过利用和改善地形来完成相关空间内的绿化。随着城市道路交通系统的飞速变化，它自身的环境承受能力也有了新的挑战，不单是完成原有的使命，还要接受社会进步和人类居住空间质量的考验。因此，城市道路绿地在此基础上要不断进步和完善，以符合现代城市景观的整体思路。如今在城市道路绿化的过程中，人们往往只考虑到艺术性的发挥，因此扩大了绿化面积，但是城市道路变得很狭窄，严重阻碍了城市道路交通。道路绿化主要目的中的美观只是其中一方面，其根本目的是美化整体城市环境和提升城市形象，因此不能只追求形式上的美观，而忽略了道路最为重要的原则——交通功能。具体的解决办法就是合理安排城市道路绿化布局，在城市主干道旁要加大植被绿化的面积，同时要加宽道路用地面积，从而发挥道的交通功能。在此基础上，利用其他种类的植物配合整体的道路绿化，以便更有效地发挥城市道路绿化的作用，在整体绿化的基础上让城市交通和城市道路得到更好地运作。

1. 创造城市园林景观

随着现代化城市的发展和进步，城市的环境问题日益突出，城市建设的可持续发展面临新的挑战。现在，城市不仅需要基础设施不断完善，包括高楼大厦、功能完善的交通系统以及配套的灯光效果，还要提高人们居住的环境质量。城市道路交通绿化就是其中的一部分，它可以美化城市街景，烘托城市建筑景观的艺术效果，同时起到软化城市建筑硬质线条和美化城市整体景观形象的作用。

根据植物景观造景的性质，可以改变和营造城市的艺术造景，丰富城市景观动态层次。利用各种植物的形态、种类、颜色等特性，再结合原有道路的情况进行点、线、面的组合，从而对道路景观进行美化和绿化。同样，在一些城市的特殊道路地段，如立交桥和高层建筑上进行多方面立体的绿化方式，用园林造景的丰富性和多样性营造出园林化的立体景观效果，通过整个城市的绿化富有丰富的层次变化，使绿化对象的数量和群体有一定的保障和增加，从而提升城市整体的园林绿化水平，改善城市发展带来的一系列环境和城市绿化问题。例如，世界上比较著名的法国巴黎，其城市优美的道路绿化给人们留下深刻印象，其城区的道路等许多城市交通绿化都形成了自己的特色，这些国内外城市的道路绿化发展给我们提供了很好的借鉴，如图5-29所示。

图5-29　巴黎街道园林景观

2.改善道路状况

借助城市道路绿化带可以分割道路，划分上下行车道，同时对机动车道、非机动车道以及人行横道进行有效的分离，这样在道路本身的意义上就保证了道路交通的安全性能，避免了不必要的交通事故，对行人与车辆进行了有效的保护，充分做到了人车分离。同时，在交通岛、立交桥、城市广场等地段都需要进行绿化。在这些不同条件下的地段，利用不同形式的绿化方式，可以有效地保障道路安全，对车辆的行车安全，行人的通行安全以及充分改善城市道路的交通状况等有积极作用。道路绿地景观环境质量直接影响到城市的环境质量、城市景观面貌以及现代交通环境的发展，道路不单是人们出行从一个空间位置到另一个空间位置的需求，更是城市环境的一部分。对于生活在城市中的人们而言，城市的总体形象主要来源于城市道路，不仅包括几何体的混凝土建筑物和笔直的沥青路面，还包括城市道路两旁植物的绿色规划。所以，城市道路绿化的总体质量，可以改变城市的道路状况和城市景观风貌。

通过科学研究表明，城市道路绿化中的植物可以有效地缓解车辆驾驶员的视觉疲劳，大大降低城市道路交通事故的发生。因为绿色会减缓大脑皮层的压力，从而降低细胞的工作压力，给人以安静和柔和的感觉。城市道路绿化带不仅可以在改变道路交通拥堵状况下减少交通安全隐患，也可以净化空气，美化道路交通环境，提升城市整体绿色形象。

3. 城市环境防护

随着现代社会经济的发展，生活水平的提高，人们对物质生活标准有了更高的要求。交通工具变得丰富多样，私家车的数量随着生活水平的提高迅速增加，使城市交通的道路承载力受到了严峻的挑战。城市车辆的增加造成城市环境的破坏，给城市道路整体发展带来困难，也对城市环境的可持续发展提出了新的挑战。

（1）道路绿化在交通防护方面有着非常积极的作用。城市道路主要的服务对象是机动车，而社会的快速发展使城市机动车的数量远远超出了城市能够承载的能力，所以机动车成了城市废气、尘土等的主要污染来源。因此城市道路绿化的重要性显得尤为重要，因为植物本身对机动车排放的尾气具有吸收和净化作用，据相关道路绿化情况的研究数据统计，路面上距离地面 1.5 米的地方空气中的含尘量要比没有道路绿化以及绿化情况一般的道路低 56.8%。

（2）城市环境问题的多样性，给在城市生活的人们带了许多困扰，如噪音污染，据统计，城市噪音的 70% ~ 80% 来自城市交通，通常在繁华的都市区域内噪声高达 100 分贝，一般 70 分贝就严重影响人类生活并对人体有害。植被绿化带可以明显减弱噪声，当绿化带达到一定的宽度可以减弱 5 分贝 ~ 8 分贝的汽车噪声。这样，利用绿化带可以有效地对城市噪声污染起到一定的缓解作用。例如，西安市南北二环的绿化林带就起到了这样的效果。

随着城市的发展，城市交通日趋拥挤，特别是市中心的主干道，车流量大，尾气、噪音等问题日益恶化，已经严重影响到城市人的居住环境。因此，绿化的重要性显得越来越突出。一个城市是由多方面要素构成的整体，一方面，它像一台机器由许多构件组合而成，景观的每一个小的部分组成一个完整的大城市。在城市景观设计中，给城市每一个区域规划绿地，城市绿地面积就会增加，从而形成完整的绿色城市景观。另一方面，从多方面保护和美化人们所居住的城市，也是优化人们的生活环境。

（3）城市道路绿化带可以改善道路周边的小气候，温度和湿度都可以得到很好的调节，特别是夏天，树荫下的路面温度要比阳光直射下的路面温度低 11℃，城市道路绿化带设置可以降低夏天因为路面温度过高而引起的机动车轮胎爆胎的概率，同时可以减少路面其他安全隐患的发生，延长路面的使用寿命，为城市道路行驶安全提供了一定的保障。可以说，城市道路交通绿地对整个城市环境以及城市基础设施建设起到一定的保护作用。例如，西安市友谊路的行道树法桐，经过二十多年的生长，现已成为参天大树，枝叶几乎覆盖住整个路面，夏季行驶在这样的道路上，能亲身体会到树荫带给人的舒适感。

4. 城市生活休闲空间

城市道路绿地除了给交通道路和绿化带提供美化环境效果外，还能优化大小不等的街道绿地、城市广场绿地以及公共设施绿地的环境。这些绿地一般建设在有一定面积的公园和广场内部，能给人们提供休闲和娱乐的场地，方便市民利用这类空间进行娱乐活动和锻炼身体、散步、游憩等。一般这类城市绿地常安排在距离市民居住区较近的地方，所以使用率会大大提高。而在公园分布较少的区域往往可以利用城市道路绿地作为补充，如发展街道绿地、林荫路、滨河路这些基础设施绿地弥补城市公园分布的不均衡。例如，西安市大庆路周边没有什么公园、广场，因此大庆路中间宽 50 米的绿化林带就给周边的人们提供了一个休闲的好去处。

（二）城市道路系统的基本类型

城市园林景观中，道路绿地系统是一个城市景观组成的基本条件，也是城市园林景观布局的基本要素。所以，城市道路系统的各项规划和建设要符合城市发展的需要和前进步伐，才能建立完整合理的城市道路绿地系统。但是，城市道路交通系统的性质必须在一定社会条件、城市基础设施建设以及自然条件下才能得以实现。它只是为了满足城市交通以及其他要求才形成的，不会因为某种统一的形式而存在。

现在已有的城市交通系统可以归纳总结为以下几种基本类型。

1. 放射环形道路

这种道路系统是由一个中心经过长期不断发展形成的城市道路形式。它是利用放射线和环形道路系统，通过不同的交通线，以中心不等的轴距形成的道路，并且连通其他各放射线干道组成的道路系统，其在各道路之间形成合理的交通连线，从而保证各道路之间的顺畅。但是，这种交通系统会导致所有的交通压力集中到中心地区，车流易集中到城市中心，导致拥挤特别是大城市。例如，俄罗斯的首都莫斯科就是一个放射环形道路布局的城市。

2. 方格形道路

方格形道路布局就像棋盘那样把城市分隔成若干个方正地形，这样的布局形式形式明确，有利用城市建设，一般适用于地形比较辽阔平坦的地区。通常城市较多的方格形道路都是网状道路系统，像西安市古老的旧城区就是以这种道路形式为主的。

3. 方格对角线道路

城市方格道路系统如果在规划上处理不好，比较容易形成单向通行车道，从而造成拥堵的状况。为了解决城市道路的单向直通性能，一般都会在方格道路的基础上进行改进，变成方格对角线式道路，但是对角线式在城市交通网中所形成的锐角在空间利用上就不合适，增加投入成本的同时会增加交叉路口的复杂性。

4. 自由式道路

自由式道路系统的不确定因素很多。在地形条件比较复杂的城市中，为了给居民提供合理完善的交通运输条件以便于组织交通，就会结合当地的地形条件进行路线的自由布局，这样反而增添了丰富的变化和不确定性。但是，自由式道路必须合理规划，要有一定的科学性。

5. 混合式道路

混合式道路系统就是以上几种道路形式混合而成的复杂道路系统，前提是必须结合当地城市地形的特点合理规划和设计，利用好城市的地形及文化历史特色。像一些大城市，原以方格式为城市道路布局的基本形式，但是经过后续的开发和建设，将放射环形同城市中心采用的方格形完美结合起来，形成一种混合式的道路布局，成功发挥了放射环形和方格形两者的共同优势。

（三）城市道路绿地的类型和形式

1. 城市道路绿化类型

城市道路绿地是一个城市道路环境的重要组成部分，也是城市园林景观的构成要素。或许道路绿地的带状和块状分布就是利用"线"把城市的绿地系统整体地联系起来，以达到美化街道，改善城市整体形象的目的。因此，城市道路绿地会直接影响人们对城市的总体印象。

在现代城市中，较多的人认为设计和建筑往往会给城市景观造成古板和单调的感觉，而利用植物的多变性会给人们带来不一样的感受，通过植物不同形状、色彩以及姿态的搭配可以丰富城市景观特色。这些植物大多具有观赏性，成功的道路绿化一般会成为一个城市的特色，如西安道路的法国梧桐和石榴树，南方城市的棕榈植物等。道路绿地作为一个城市区域的地方特色，除了增加道路系统的识别性以外，还能把一些道路状况比较雷同的现象通过道路绿化划分和识别开来。随着城市工业的不断发展及人口的增加，现代交通发展给城市环境带来了巨大的压力，污染并破坏着城市环境的生态平衡。这些问题都可以通过道路绿化来缓解和改善。

根据不同植物的类型和种植目的，可以把道路绿地分为景观种植和功能种植两大类。

（1）道路景观种植。从道路美学的原理出发，不同道路植物的种植会有诸多不同之处。密林式种植一般以乔木、灌木、常绿树种和地被植物组合而成，具有封闭道路的艺术效果，给人们犹如在森林和城市之间行走的感觉。这样的布置形式一般在城乡交界和环城道路出现，这里水土都比较肥沃，有利植物的生长。但是，由于植物遮挡视线，影响对美景的观察，所以要合理开发利用土地、种植植物，让植物之间产生和谐的美感。

一般在城市休憩和城市公园绿地中会出现自然式绿地种植模式。自然式绿地的种植要求自然景观的还原及自由的组合，根据实地的地形条件和环境具体规划。道路的两旁也会利用这种种植模式进行植物的搭配，通过不同植物的高低、疏密、色彩变化进行组合，从而形成生动的园林景观。这种组合方式能很好地和周围的环境相融合，能够增强街道路面的空间变化。自然式种植要考虑一些客观问题，在路口和路口转弯处要减少并控制灌木的数量和体积，以免影响驾驶者的视线，在宽度和距离上也要合理，同时要注意与地下管线的配合，采用的苗木要符合标准。例如，在西安市东二环隔离带中栽植的丛生石榴，经过多年的生长高度已经达到 3～4 米，而且密度非常大，严重影响了拐弯车辆驾驶员的视线，容易造成交通事故。

花园式种植在城市道路绿地中一般沿外侧布置，形成不同大小的绿化空间，包括广场、绿荫，为行人和居住区附近的人们提供休闲的场所。道路绿化以分段的形式和周围的景观相结合，在城市建筑密集和绿化区域较少的地方可以采用这种方式，以此来弥补城市绿地面积紧张的状况。

城市道路和水比较近的地方可以利用滨河式绿化方式，为人们提供环境优美，景色宜人的场所。在水面不是十分宽敞，对岸又没有景色做映衬的情况下，滨河绿化布局要比较简单；若是水面十分宽阔，对岸的景色也比较丰富，就可以增加滨河绿地的面积和层次，做出一个小的环境进行对比，如建设小型近水平台等，满足人们的审美需求。

城市郊区道路两侧的园林植物景观大部分种植草坪，往往与农田相连，带有明显的自然气息，与山、水、白云、湖泊等田园风光相融合。特别是在城市与城市之间的高速公路上，给驾驶者提供良好的视线，把道路绿化与自然风光完美地结合。

道路绿化是最为常见，也是比较普遍的绿化形式，沿道路两侧各种一排乔木或者灌木，大致形成"一路两树"的形式。

通过以上的总结和分析了解到，城市道路绿化的布局形式完全取决于城市原有的道路情况，任何形式的道路绿化都要按照特定区域的实际情况决定，因地制宜地进行道路绿化布局，通过合理的科学布局达到道路和城市园林景观的完美结合，才能发挥出道路绿化对城市整体环境的美化作用。

（2）道路功能种植。城市道路绿化的功能性种植是通过植物的采配达到一定功能上的效果，通常情况下带有一定的目的性。一般情况下，遮掩式种植是把一定方向的视线加以阻拦和遮挡，如一个城市的景观不完美，需要遮挡；城市建设当中的建筑物和拆迁物对其他城市景观造型构成影响等，这时需要通过植物起到一定的遮挡和掩盖作用。2016年，河北省唐山世界园艺博览会迎来了大量国内外宾客，机场高速成为许多游客的必经之路，机场专用线绿化林带工程是为了世园会的到来建设的应急工程，其建设初衷是利用栽植杨树林遮挡机场高速两侧的民房和广告牌，不仅起到了景观效果，还达到了功能性种植的目的，如图5-30所示。

图5-30　唐山世界园艺博览会景观

我国城市在地域环境的影响下，每当夏天城市地表温度急上升时，道路路面的温度也随着地表的温度而升高，可以利用遮阴式种植缓解。遮阴式种植对改善道路环境，特别是对夏天路面的降温作用明显，不少城市道路两旁的树木多是为了夏天遮阴。

在城市建筑用地和周围的道路绿化带上，分隔带作为局部的间隔和装饰会有不一样的效果，多用于充当界限的标志，防止行人穿过、遮挡视线、降低污染等。

道路绿化种植最为重要、最为常见的是地表植物的种植，它是用来覆盖裸露在地平面以外的地面。草坪是最为常见的绿化措施，可以防尘、固沙以及防止雨水对地面的冲刷，在北方许多地区还有防冻的功效，还可以改善小气候。地表植被也可以缓解和协调道路园林景观的整体色调，改善和提升城市园林景观的整体效果。

2. 城市道路绿化形式

城市道路绿化形式是城市园林景观规划设计中最为常见的设计模式，一般可以分为一板二带式、二板三带式、三板四带式、四板五带式以及其他模式。

一板二带式即在一条道路上拥有两条绿化带，是许多城市道路绿化最为常见的模式。一般情况下，道路中间有行车道，在行车道两边有植物划分隔离。这种道路绿化布局的优势在于不但道路绿化简单整齐，而且用地合理，方便管理和维护。在车行道过宽，行道树的遮阴效果不佳时，又有利机动车辆和非机动车辆混合行驶下的交通管理。

二板三带式把交通分为单向行驶的正反两条车道和同样的两条行道树，中间必然是绿化隔离。这种模式比较适于宽阔道路，特别是高速路。但是，由于各种不同车辆的混合式行驶，在一定情况下不能起到缓解互相干扰的作用。

三板四带式利用两条分隔带把道路分成三块，中间为机动车道。此种形式的道路绿化布局占地面积会相对增加，但也是现代城市道路绿化规划最为合理的形式。绿化面积大，道路交通性强，在非机动车辆增多的情况下最为合适。

四板五带式同样是利用三条分隔带把车行道划分为四条，而绿化带为五条，这样保障了车辆的通达性。但是，由于现代城市用地的局限性，五条绿化带的占地面积过大，一般都会采用栅栏分隔，以节省用地空间。

按照各城市区域和地形的不同以及环境条件的约束，必须尊重当地地理条件，因地制宜地设置绿化带，不能片面地追求景观效果而不考虑实际情况。

（四）城市道路绿化规划设计原则

道路是城市空间的基本组成部分，道路绿地也是城市园林景观的重要组成元素之一。在城市园林景观规划的前提下，对城市道路绿地进行设计是对自然景观的一种提炼和总结，是认知因素影响下对艺术环境以及自然生态环境互相融合的再创作。城市道路绿化所呈现的模式和意境，见证了一个城市的历史文化发展，也是现代城市园林景观精神气息的升华。道路绿地不单要考虑功能性，也要考虑与现代城市发展步伐的一致性，不断地改善视觉效果，并与城市园林景观的其他构成要素互相协调，力争创造出更加完美的城市绿地景观。具体来讲，城市道路绿地有以下几项原则。

1. 城市道路绿地设计与城市景观相协调

城市发展初期就和交通有着必然的联系，同样道路绿地景观也是城市景观的重要组成部分，是道路交通功能的重要体现。现代城市的交通系统已经成为一个多元化、多层次的复杂系统。一般的城市道路可划分为主干道、次干道、居民居住区内部道路等，在城市地理、环境、气候等多方面因素的影响下，每个城市区域都会形成特殊的道路网，这个复杂的道路网是由不同社会性质与城市功能所决定的。在一般的大城市中，都建有高速道路系统、交通干道系统。由于交通目的不同，不同城市园林景观环境要素要求也不同，道旁的建筑以及绿地小品必须符合道路的实际设定。城市交通干道和高速路的景观元素的尺寸和存在方式必须考虑自身实际的存在意义，机动车的行驶速度等重要因素。在商业街的绿化上也要考虑实地的需求和服务性质，如果在商业街的绿化带里种植枝叶比较茂盛的树种，会影响商业街的繁荣。再比如，居住区的道路绿化与城市主道路的绿化，由于自身的功能性和道路尺度不同，在居住区内种植过高的树种会阻碍低层楼房业主的采光。因此，在城市不同区域绿化种植的树种，在高度、树形、种植方式上都需要具体问题具体对待。城市主干道的绿化需要追求丰富性和多变性，只有这样才能充分发挥出道路绿地在城市景观中的装饰性和功能性。

2. 发挥城市道路绿地的生态功能

道路绿化对城市环境最重要的作用就是改善城市地域小气候，植物滞尘与净化空气的功能在道路绿化中都能够得以发挥，同时也起到了降温遮阳、防尘减噪等生态防护的作用，这是城市景观中其他元素无法做到的。道路绿化的植物一般以乔木为主，结合不同的地域条件也会利用灌木和地被植物互相搭配，把人工植物进行合理群落分配与布局。通过合理的设计可以充分充分发挥植物的生态功能，且促使城市道路绿地与城市园林景观多层次的发展和融合。

3. 道路绿地规划与城市发展相统筹

城市道路绿地的设计要符合道路交通行车的相关规定和原则。在道路绿地中的植物不能遮挡行车驾驶员的视线，更不能遮挡交通指示标志，也就是所谓的行车净空要求。在一定道路宽度和高度范围内的车辆运行空间里不能出现树干影响机动车通行。与此同时，还要利用道路绿化起到隔离、遮挡、通透等交通组织功能作用。

在城市道路绿地中的植物要和市政公共设施保持一定的距离，在设计时应该长远地分析和考虑，合理地统筹布局道路绿地植物生长空间与公共设施的距离，这样才可以保障树木的正常发育和生长，保持健康的生长姿态和有效的生长周期。道路绿地的设计和规划要与道路附属设施合理搭配，与城市整体规划相结合，然后对整体进行详细的分析和考证，这样才能真正意义上发挥出道路绿化的作用。

4. 道路绿地与城市园林景观要素协调统一

道路绿地是由很多景观元素组合而成的，城市道路绿地应该和城市道路中其他的景观元素相协调，单纯地考虑道路绿地不会收到好的效果。道路绿地的设计应该符合美学原理。现代城市道路环境大多比较雷同，通过植物绿化方式可以改变道路绿地的基本特征，形成道路的差异性，但是通常情况下城市景观中的绿地被人们关注得更多。随着现代社会发展和交通条件的不断提高，对道路的连续性要求不断增强，而绿地的植被种植有助于连续性的提高，有利于加强道路的方向感，纵向分隔使道路时可以让使用者产生距离感。

道路绿地景观由两个主要的构成要素组成，首先是内在因素，主要指的是道路红线以内的设施，按照功能性质划分，可大致分为三种：实用性、审美性和视觉传达性。其次是外在因素，主要说的是城市建筑，建筑作为构成道路景观最重要的要素之一，道路两侧建筑的存在形式、功能、视觉效果以及社会服务职能决定着道路绿化的空间特点。因此，道路绿化在设计时应先满足人们生活空间的需要以及与城市园林景观之间的协调性，并根据城市道路的建筑特点，考虑道路绿化与城市景观空间之间的关系。道路绿地系统要与城市景观元素相互协调，把道路与城市景观做一个整体化的设计，从而创造出具有特色和时代感的城市环境。

5. 道路绿化的园林效果

城市道路绿地设计中，应该选用各种不同的园林植物，因为不同植物的外形、色彩、季象等类型不同，所以在城市景观及功能上有着不同的效果。根据实际道路景观和功能上的需要，要实现植物四季常青，保持艺术性质上的持续性，就需要多种植物的配合与协调以及植物栽培方式的多样化。道路绿化直接关系着城市景观的变化，要使植物和季节互相辉映，就应该根据不同道路的视觉性以及观赏要求，处理好道路绿化植物的属性问题。

不同的城市可以选用不同的道路绿化植被。目前，有很多城市将花卉和树木作为城市的象征，如西安的石榴花。这些树木和花卉使城市景观绿地富有浓郁的地方特色，这种特色可以加强人对城市的亲切感。与此同时，在城市绿化方面，树种不能单一化，树种的单一化会使人感到单调，在植被护理和管理上也会带来巨大的困难。城市的植被绿化应该以某种树木为主，搭配其他树种在城市道路中进行合理种植。例如，西安市区内主要城市行道上种植的树木以法桐、中槐、杨树为主，其次还有石榴树、银杏等，不同树种在外形和观赏性上的搭配使城市整体景观丰富了起来。

6. 道路绿化设计的协调发展

道路的绿地设计与建设应该考虑近期和远期发展目标，因为道路绿地景观植物的生长周期，绿地景观不是一开始就能达到预期的理想效果的，道路树木从种植开始到形成较好的景观效果，一般情况下需要 10 年左右的时间，因此道路绿化要有长远的发展目标，不能经常更换和移植植被。近期和远期的发展目标要进行有计划、合理的组织周期安排，使其尽可能地达到预期的目标，让道路绿植健康成长的同时，又能展现出较好的绿化艺术效果。

总而言之，一个理想的城市景观环境需要合理的自然生态型道路绿化，充分利用和发挥道路绿地功能的全面性、植物配置的合理性、关系的协调性、景观的丰富性以及管理的科学性，以此创造出宜人宜居、生态环保的城市景观。这样，不仅会使城市景观更加完善，也会进一步提升城市居民的生活质量，让城市生活更加和谐。

三、城市广场绿地设计

近些年，随着社会的不断进步，城市广场的建设和开发越来越多。城市广场是一个城市文明形象最好的写照，它在城市中以多种功能空间形式存在，是城市居民社会活动和娱乐集中的场所，有时也是政治活动进行的场所。广场周围一般都分布着城市中比较重要的建筑物和公共设施，从而能够体现出城市的整体艺术气息。城市广场往往是城市的标志性场所。

（一）城市广场的类型分析

1. 城市广场的分类

广场的类型有很多种，是根据广场本身的使用功能、空间形态等划分的。

通过广场的使用功能划分：

（1）纪念性广场。

（2）集会性广场。

（3）交通性广场。

（4）商业性广场。

（5）文化娱乐性广场。

通过广场的空间形态划分：

（1）开敞式广场。

（2）封闭式广场。

通过广场的材料划分：

（1）以石头等硬质材料为主的广场。

（2）以植物软质材料为主的广场。

（3）以水材料为主的广场。

2. 城市广场的特点

随着城市现代化进程的加快，人们对物质生活水平和精神生活水平的要求日益提高。为了满足人们的精神生活需求，很多城市广场大量涌现，成为现代人户外休闲娱乐的重要场所之一。现代城市广场不仅在社会文化活动方面满足人们的需要，也折射出现代城市广场特有的文化气质，成为了解城市精神文明的窗口。现代城市广场表现为以下几种基本特征。

（1）广场的公共性。现代城市广场作为城市户外活动空间的重要组成部分，它的第一个特征就是公共性。随着社会生活节奏的加快，人们对自身的健康越来越重视，因此人们的户外活动不断增加，而城市广场能为人们提供游憩和互动的空间。同时，现代城市广场的对外交通性大大提升，进一步体现了城市广场的公共性。

（2）广场功能的综合性。城市广场功能的综合性一般体现在能满足广场中复杂人群的多种活动要求，它是广场具有活力的先决条件，也是城市广场公共空间最具有影响力的原因。现代城市广场空间满足的是人们户外活动多样性的需求，包括聚会、晨练、综艺活动等。

（3）广场空间的多样性。现代城市广场空间的多样性特点能够满足不同功能的需要。一般广场上会有歌舞表演，这就需要有相对完整的空间，还需要相对的私密空间来满足人们休息和学习的需求，因此广场的综合性功能必须和多样性的空间相结合，只有这样才能实现广场完整的功能性作用。

（4）广场的文化娱乐性。现代城市广场是城市标志性的建筑空间，是反映一个城市居民生活水平和精神面貌的窗口。舒适性和自然是人们对现代城市广场的普遍愿望和追求，在此基础上，城市广场的文化娱乐性才能得以体现。广场上的景观设计、植物绿化以及一系列基础设施的建设都要给人放松的感觉，要让城市广场空间成为人们在紧张工作之余另一个享受生活、放松身心的场所。

城市广场是现代人开放性文化展现的重要场所。人们会在广场内参加一系列的表演活动，这种自发的娱乐方式充分反映了现代城市广场的文化娱乐性。

（二）城市广场绿地设计的基本条件

1. 纪念性广场

纪念性广场主要是为纪念某段历史、名人以及事件而建的广场。它一般包括纪念广场、陵园和陵墓广场等。

纪念性广场是在广场的中心位置或两侧设置比较突出主题的纪念性建筑作为

广场内的标志物，标志物应位于广场整体构图的中心位置，布局形式必须满足纪念气氛和象征性的要求。这类广场在设计和规划布局时要充分体现良好的视觉效果，以便供人瞻仰。通常情况下，这类广场必须禁止交通车辆在内部通行，以防干扰广场气氛。另外，广场内部的绿化以及景观也要充分考虑同整个广场的统一与协调，以营造庄严肃穆的广场气氛。

纪念性广场的绿地设计要迎合广场的纪念意义，整体风格庄重、宏伟、简洁、大方。一般情况下，这种纪念性广场的绿化必须选用具有代表性的植物和花木，如果广场面积不是很大，就要选择与纪念性广场相协调的植物进行点缀和修饰。面积较大的纪念性广场需要以主体物为中心，以松树、柳树等为主配树种，周围以小型乔木作为点缀，从而构成功能、政治、纪念互相统一的广场绿地系统。图5-31为北京天安门广场。

图 5-31　北京天安门广场

2. 集会性广场

集会性广场用于文化集会、庆典、民间传统节日等活动的使用，这一类广场因为自身性质的需要不宜过多布置建筑和娱乐性设施。

集会性广场一般出现在城市中心地区，是一些重大政治活动的公共场所。集会性广场中最重要的市政广场都是在城市的中心位置，通常情况下是市政府、城市行政中心、旧行政单位的所在地，一般建立在城市的中轴线上，成为一个城市的象征。在市政广场的设计布局上通常会体现出城市特点，或是建设代表城市形象的建筑物等，图5-32为巴黎金字塔广场。

图 5-32　巴黎金字塔广场

集会性广场的规划要与周围环境互相协调，无论是平面的景观效果、空间透视、空间组成形式，还是色彩对比等，都应该彼此联系、互相辉映，从而达到城市集会性广场完美的艺术效果。集会性广场绿地设计一般不配置大量植被，多用水泥石材铺设。但是，在节日的时候会大量布置草坪和盆景等，以此烘托出节日欢快的气氛。有些集会性广场的中心位置会配置常青树，树种的选择和种植与广场周围建筑环境相协调，达到美化广场及城市的效果。

3. 交通性广场

站前广场和道路交通广场都是交通性广场。城市道路系统中交通广场具有连接交通枢纽、疏散、联系及过渡的功能。交通广场可以在全方位的空间布局上进行规划，从而分隔车流，缓解城市复杂交通问题。城市交通广场，可以很好地满足城市交通的畅通无阻、方便人们出行等需求。交通性广场一般是人群聚集比较多的地方，如汽车站、火车站、飞机场等站前广场，如图 5-33 所示。

图 5-33　火车站广场

交通广场作为城市交通枢纽的重要组成部分，具有组织和管理交通的功能，也具有一定的城市景观装饰作用。交通广场绿地设计先要考虑城市交通网的组建，满足车流的集散要求，同时种植必须要考虑安全因素，从而达到建立色彩丰富、形式鲜明的绿化体系的目的。

（三）城市广场绿地设计的基本原则和绿地种植形式

城市发展对城市广场的要求不断提高，广场的性质和功能也不断更新，已经成为现代城市文明的主要体现。

1. 城市广场绿地设计原则

城市广场绿地设计必须和城市景观的整体规划保持一致。广场绿地的功能要与广场其他功能进行统一安排，进行合理的统筹规划以便更好地发挥广场绿地的作用。

城市广场绿地规划设计最重要的是要做到与城市整体的绿化风格协调统一，选择适合生长和特色突出的绿化植物来美化城市环境、改善城市小气候。广场绿地设计原则是在不同情况下进行合理分析，结合实际情况进行科学的统筹规划，让广场绿地设计随着城市景观的发展有所创新，以此来满足现代城市的发展需求。

2. 城市广场绿地种植形式

（1）集团式种植。集团式种植是整形模式的一种，可以丰富植物种植排列的单一性，合理地把植物树种进行组合，利用一定的规律性进行栽种布局，从而达到广场绿地植物的丰富性和艺术种植效果，由远即近地产生不同的视觉感受。

（2）排列式种植。在广场绿地种植中，排列式种植模式也是比较常见的一种，它属于整形方式，主要用于广场空间周围的植物生长带，起到隔离和分隔的作用。这种栽培模式必须适当把握植物之间的种植距离，以保证树种的采光，促进绿地植被的生长。

（3）自然式种植。这种种植方式与其他种植方式不同，它是利用有限的空间，通过不同树种花卉的搭配，在株行距无规律的情况下疏密有序地布局种植，借助空间角度的变化，产生变化丰富的绿地景色。这种种植模式不受地形和环境因素的制约，因而可以用来解决城市地下管线与植物种植之间的矛盾。自然式种植必须与实地环境条件结合，这样才能更好地保证广场绿地植物的健康生长。

中国几千年的造园技艺自古至今发挥了很重要的生态艺术性作用，为以后的城市建设提供了宝贵的财富。随着中国城市化步伐的加快、社会的进步和经济的增长，园林景观在城市规划建设中的作用也越来越重要。

景观绿地设计虽然在整个城市景观规划当中只是一个具体方面，但某种程度上体现着景观设计规划者对于自然、城市、人类三者的整体认识格局。从现实性上讲，城市的景观绿地作为整体规划中布局的一环，呈现在人们面前的可能只是绿化的分布、配套景观的协调等方面。但从其抽象性上看，城市景观绿地的分布、规划不单显示着规划设计者的境界修为，更能在审美层面上调整人类与城市之间的微妙关系。人与城市是存在着紧张的张力的，如果这种紧张的张力消失，人类将会退归自然，而如果这种张力过分紧绷，则会造成人与城市的疏离，从而让生存于城市中的人失去归属感。亚里士多德说，人是城邦的动物。马克思说，人是社会性与生物性相结合的。在城市与自然间对望是现代城市人的宿命，而这也是我们不断追逐园林城市、生态城市，将造园技艺与绿地设计不断应用于城市建设，努力使自然美表现于现代城市的缘由之所在。

第三节　地域性城市景观的设计策略

一、与地域自然环境相协调

　　城市景观设计都是在现有的自然地理环境的基础上加以创作及改造的，不可能脱离自然地理环境而独立存在。许多历史的经验表明，不顺应自然的环境特点而盲目地设计与建设，最终只会导致自然条件变得更加恶劣。因此，无论是从保护自然环境的角度考虑，还是从地域性设计的角度出发，与地域自然地理环境相协调进行的设计，不仅使设计出来的作品更具有地域性，也能更好地适应自然环境。例如，图 5-42 所示的西游记景观坐落于新疆开都河，由 1 000 吨汉白玉雕制而成，长 39.71 米，高 10 米，向游客展现了小说《西游记》中唐僧师徒路过通天河遇阻的故事。

图 5-42　西游记景观

二、尊重地域历史文化

每一个城市都是伴随着人类历史的发展而发展的，因而每个城市的各个部分都脱离不了该城市所在地域的历史文化，无论从何种角度来看，城市都蕴含了当地的历史的内涵。

历史无法改变。城市在历史的基础上逐渐演变发展，其文化依存于历史带有深厚的底蕴，城市居民也会对自己居住的城市产生一种特有的历史情感。因此，在设计阶段，设计者必须尊重设计场所的历史文化，不能脱离历史实际，要在历史的基础上进行设计。

如图 5-43 所示，诸葛亮城景观坐落于山东省沂南县诸葛亮文化广场。因为沂南是三国名相诸葛亮的故乡，在整个景观设计中，主体架构以诸葛亮一生职业生涯的重要节点为元素，以历史时间为轴线，形成一条中央景观雕塑带，并以此为基础，结合地形条件规划设计出以汉代建筑风格为主的仿古现代商业建筑群，包括动漫城、豪华影视城、KTV、儿童智力娱乐城、商务酒店、书画城、健身中心及训练馆，咖啡馆、茶座、酒吧等休闲区域，地方餐饮名吃区域。珠宝玉石、名表、电子产品、家居综合城、综合超市、旅游产品及地方特产等购物区域，形成集文化、旅游、休闲、娱乐、购物为一体的文化商业综合体。建成后的诸葛亮城既是沂南县一个新的旅游景点，又是沂南县最大的商业、文化中心，这里的景观雕塑作品体现了地域性与时代感，让人们在游玩的同时，可以学习、了解历史文化，增长知识。

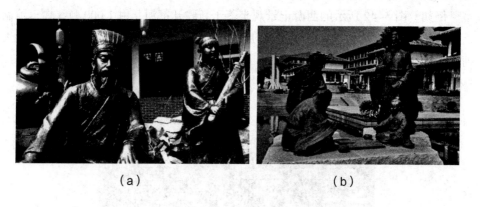

（a）　　　　　　　　　　　　　　　　　（b）

图 5-43　诸葛亮城雕塑

三、尊重地域民俗习惯

我国是个一个多民族国家，每个民族的风俗习惯各不相同，这就导致人们的生活习惯、服饰、生活用品、礼仪、节日特色等都不一样，民族特色呈现出多样化的特点。尊重地域的民俗习惯进行设计，能够使景观设计具有地域性特征。

同时，每个民族都有自己民族的喜好和禁忌，并且这些禁忌根植于该民族人民的内心深处。忽略民族禁忌而进行的设计会与整个大环境不协调，属于失败的设计作品。因此，要尊重地域的民俗习惯，设计出适宜地域与民族的景观作品。

如图 5-44 所示的湖南常德孟姜女景观是以民间故事传说而设计的作品，它讲述了主人公敢于冲破世俗压力追求幸福、不畏权势、不辞艰辛万里寻夫的故事。该景观采用石雕，没有任何色彩点缀，以表达对历史人物的尊重以及当地民俗的尊重。

图 5-44　孟姜女景观

四、尊重地区人民情感

在现代景观设计中，有一个很重要的原则就是"以人为本"。

对于地域性景观设计而言，"以人为本"更多的是强调尊重城市居民的地域情感。人们对于自己生活的地方有很深的家乡情，因此设计时要尊重设计地区的人民的情感。

如图 5-45 所示，厦门海洋公园门口矗立着一个章鱼景观。厦门作为一个海边城市，海鲜丰富。城市的海洋公园既表现出区了域性的水资源特色，又表达了人们对家乡的特色情怀。因此，在厦门海洋公园有许多海洋生物类景观。个性鲜明的章鱼以自身的优势，被选为入口景观，吸引游人观赏。

图 5-45 章鱼景观

如图 5-46 所示的曼德拉景观，其由高达 5 米至 10 米的 50 根金属柱组成，人们只有在 35 米开外的一点才能辨识出曼德拉的头像。曼德拉景观的出现让世人熟知南非夸祖鲁 - 纳塔尔省，并与当地的人文故事、历史情怀联系在一起，在缅怀伟人的同时，也激励着世人发扬友爱、坚持、互助、和平的愿望。

图 5-46 曼德拉景观

第四节　地域性城市景观的设计表现手法

在了解地域特征的基础上，探索如何把地形地貌、气候、植物、水体、人文等特征要素融合于设计作品之中，需要对地域性景观设计的表现手法进行研究。一般而言，地域性景观设计是综合了多种设计手法进行创造，下面主要在地域性特征的基础上综合分析几种景观设计表达方法。

一、再现与抽象表达

再现也可称之为重现，在艺术表达上通常是艺术家把对社会生活中的客观对象的理解刻画在其艺术作品里。在地域性景观设计之中，再现不是简单地对地域特征的某些方面进行再现，而是通过对地域特色的综合分析，运用巧妙的构思，结合新的材料与技术，达到一种地域性景观设计的目标。

对于地域性景观设计而言，抽象表达手法主要是对比较鲜明的地域特色进行抽象刻画，这里的地域特色可以是一个地域的标志符号，也可以是一个地域的建筑特征、民族特色。设计师用抽象的手法对这些地域特色进行提炼，并以一种设计表达形式将其刻画于作品之中。

在地域特征的自然层面，天然的地形地貌是大自然形成的一种地形表达方式，并且这些处于自然中的地形地貌的形式本身就是一种设计出色的作品，如丘陵、梯田等。因此，在设计时，设计者可以考虑通过再现与抽象的手法来模拟自然地形地貌的形态与肌理，使之成为一种表达形式。

在地域特征的人文层面，民俗风情、历史背景等本来就是一种比较抽象的精神文化，要把它运用于设计之中，就必须借助于物质形式。因此，通常的做法就是对其精髓进行抽象概括，以一种形式化的表达方式将其再现于景观设计作品之中。例如，长沙市步行街中的铜人雕塑就是对长沙历史记忆里民俗风情的一种再现表达，如图 5-47 所示。

图 5-47　长沙市黄兴南路步行街特色铜像

二、对比与融合技巧

地域性特征的人文层面中有许多因素与时间息息相关，而与历史时间相关的因素一般会与现代化的设计产生很大差异。因此，传统的材料、风格以及设计布局与现代化的设计模式需要通过相关手法对比或融合在一起，才能设计出比较协调而又别具一格的设计作品。

对比是针对"新"与"旧"而言。"旧"是指传统的设计布局、设计理念、应用材料以及技术手段，还包括传承下来的设计风格。"新"则是指现代化的建设模式，包括现代化的设计构思、新型的应用材料与科技化的应用技术。对比的设计手法就是通过把这些具有明显差异的"新"与"旧"的各种构成要素有机组合，从而产生一种对照，使这些构成要素表现得更为突出，给观赏者带来一种视觉上的冲击和比较强烈的视觉构成效果。然而，在设计中如果只是单纯运用对比手法进行设计，一般而言易产生不和谐的设计感受，因此在实际过程中需要将具有差异的两种要素进行融合，即运用融合的设计手法，将传统的构成要素融合于现代的新材料、新技术、新构思之中，从而达到和谐与统一。

好莱坞环球影城位于洛杉矶市区西北郊，这里是世界电影人的天堂。在这里，有一座环球雕塑十分引人注目，它被设计成地球模型样式，绘制出五大洲、四大洋，代表欢迎全世界电影来此。景观底座是一个小型的喷水池，衬托着整个景观，寓意水是生命之源，地球离不开水。景观采用不锈钢制成，整个球体的色彩为银色，显得十分庄重。它与街道建筑、道路等环境融为一体又各自独立，是环球影城不可缺少的标志，如图5-48所示。

图5-48　好莱坞环球影城景观

图5-49是好莱坞影城的文字景观，它不是什么具体形状，而是用英文字母组成的一个英文单词"HOLLYWOOD"，译为中文是"好莱坞"，同样是好莱坞环球影城的标志。好莱坞影城的文字景观坐落于半山腰，颜色为白色，在蓝天、绿山的衬托下，景观显得格外醒目，方便人们在很远的地方就能看到它。该景观与这里的艺术气息融为一体，随着这座影城而名声大噪。

图 5-49　好莱坞影城文字景观

三、隐喻与象征手段

　　隐喻与象征都是文学里的一种修辞方法。隐喻在文学里的作用就是把一个事物暗喻为另一个事物，而这两个事物之间有着内在的相似之处。象征也是一个暗喻的修辞手法，即用一种具体的事物暗示其他特定的事物。在风景园林设计领域，这两个手法使用得较为广泛。

　　隐喻在景观设计里反映的是一种相似的关系。在景观设计作品的表达上，可以通过寻找相似的特点，利用比较具象的形式来体现地域性的特征。通过隐喻的手法，把地域特征中的历史、民族精神等抽象出来，从而刻画出带有差异性的地域文化内涵。

　　象征也是景观设计常用的表现方法，主要用来传递精神文化内涵。中国古典园林中，古人经常运用的"一池三山"理水模式就是一种象征手法的应用，其中的"三山"分别象征着蓬莱仙境中的"蓬莱""方丈""瀛洲"三座仙山。园林中的植物也被赋予了人格魅力的象征意义，这些都成为中国古典园林的一大艺术特色。在现代景观设计中，设计者也常常运用象征手法使其设计的景观作品带有某些象征意义，从而使整个作品在整体上呈现出一种特别的文化内涵。

　　隐喻与象征手法在风景园林设计中的运用，可以使设计师设计的作品被赋予一种独特的精神意义，这种精神意义可以让不同的观赏人群产生不一样的联想，创造出丰富的想象空间。同时，生活在不同地区的人群其文化背景也不尽相同，导致这些想象空间存在地域性差异。

　　走过深南大道，在深圳市委大院门前，人们可以看到一座叫"孺子牛"的景观，也有人叫它"拓荒牛"。孺子牛景观的位置与它所要表达出来的精神意义相辅相成，其是深圳这座城市环境变化的见证者，象征着深圳精神在拓荒的姿态中一次次闪光，一次次升腾。如图 5-50 所示，孺子牛景观重 4 000 千克、长 5.6 米、高 2 米、基座高 1.2 米，是以花岗石磨光石片为底座的大型铜雕。底座之上，一头开荒牛全身紧绷，呈现出具有张力的肌肉线条，牛头抵向地面，四腿用力后蹬，牛身呈竭尽全力的负重状。牛身后拉起的是一堆丑陋的腐朽树根，鲜明地体现出了埋头苦干、奋力向前的孺子牛精神。这座景观是深圳最早的城市雕塑之一，它凝聚了早期深圳人勇于开拓、大胆创新、奋力耕耘、不断前进的精神。设计师潘鹤之所以定名为"孺子牛"，是来源于鲁迅的"俯首甘为孺子牛"之意，内涵是党员干部都要以"俯首甘为孺子牛"为座右铭，为人民"开拓创新、团结奉献"，这是各级、各岗位工作人员的精神财富。在这一精神财富的作用下，深圳的物质财富不断增长。正是"拓荒牛们"的汗水、心血和智慧创造了深圳奇迹；是"拓荒牛们"艰苦卓绝的奋斗，开创了中国社会主义市场经济的先河；是"拓荒牛们"的开拓创新精神和良好运行机制，推动了深圳的高科技产业迅猛崛起；也是"拓荒牛们"的奉献付出，换来了深圳广大民众的美好生活。

图 5-50　孺子牛景观

四、生态与数字化运用

生态问题是景观设计中必须关注的一个问题。因而，在地域性景观设计中，生态问题必须要引起极大的关注。从某种程度上说，地域性景观能更好地体现生态因素，因为建立在地域特征上的景观设计必然要考虑其自然层面，而与自然层面相关联的景观设计本身就是一种来自原生态的设计方式。

在现代景观设计中，由于科学技术的发达，也带来了一种新的设计手法，即数字化技术。无论是设计过程中数字化模型对建筑空间、形体的塑造，还是在各种智能化管理、生态控制等方面，数字技术都起到了越来越重要的作用。

图 5-51 是洛杉矶城市景观，整体设计新颖，规模宏大，有着自己独特的都市

视角。洛杉矶不是一个孤独的、单调的城市，它的每处景观、每个地方之间都有着一定的内在联系，并且这个城市一直处于动态发展的过程中。鉴于此，该景观表面采用透明材料，显现出各种各样的色彩，展示着洛杉矶人口结构的变化情况。在洛杉矶这个城市内居住着处于不同文化、不同背景的人们，他们之间相互影响，文化相互交融，从而造就了一个像万花筒一样的多元化城市。景观上的传统图像与现代图像的碰撞冲击所带来的兴奋感与陌生感正是这座景观吸引人的地方。景观正如洛杉矶这座城市本身那样，包容周围一切可包容的事物，并张开双臂，接纳着这座城市的人们。

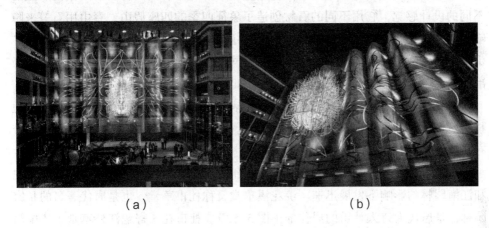

（a）　　　　　　　　　　　　　　（b）

图5-51　洛杉矶城市景观

第五节　地域性城市景观的应用材料

所有应用于景观设计场所里的各种有用物件都属于景观材料。对于一个设计作品而言，材料是表现其设计灵魂的载体。设计师对设计场所的构思只有通过材料才能传递给使用该场所的人。从材料本身看，每种材料都有其自身的特性，质地、触感与传达给人的感觉都不一样。因此，材料是表现设计理念的物质基础，对传达一个景观设计作品的设计构思具有决定性作用。好的设计作品除了有好的设计理念，同时需要好的应用材料来表现，这样才能达到最优的设计效果。

材料从使用角度、使用感觉来分，主要有传统性材料、现代化材料以及地方材料三种类型，下面即对此逐一论述。

一、传统性应用材料

传统材料主要是针对中国古典园林中的应用材料而言的，因此我们可以结合中国古典园林中材料的应用来分析不同的材料所创造出的不同设计感受与氛围。

众所周知，中国古典园林的主旨就是"堆山理水"，因而石材是用得最多的材料之一。石材分为很多品种，根据每种石头的颜色、质地、形态的不同，分为太湖石、昆山石、黄石、宣石等，这些石材中又以太湖石最好，具有"皱、漏、瘦、透"之美。古典园林扬州个园能够比较明显地体现出因材料的不同而产生的不同的设计感觉，它用不同的石材创造了象征四季的四座假山，春山用石笋来隐喻"雨后春笋"，富于变化的太湖石堆叠为夏山，色泽微黄的黄石堆为秋山，而冬山则用了有白色晶粒的雪石。正是这些不同性质的石材，共同创造出了"春山淡冶而如笑，夏山苍翠而如滴，秋山明净而如妆，冬山惨淡而如睡"的山水画美景。

中国古典园林中的材料特色还有一个表现比较突出的方面，即多样化的铺地材料所创造出的具有地方特色的道路形式。比如，古镇中铺满青石板的小路就带有一种浓厚的古典主义色彩。

成都私家园林是唐朝私家园林的重要组成部分，早在隋唐时期，其就在长安和江南园林的影响下发展迅速。浣花溪草堂又称杜甫草堂，也是唐代著名的私家园林，是唐代大诗人杜甫的居住地（图5-52）。杜甫在《寄题江外草堂》诗中简述了兴建草堂的经过："诛茅初一亩，广地方连延。经营上元始，断手宝应年。敢谋土木丽，自觉面势坚，亭台随高下，敞豁当清川。虽有会心侣，数能同钓船。"浣花溪草堂初占地仅一亩，后又加以扩建。建筑布置随地势之高下，充分利用天然的水景，园内主体建筑为茅草葺顶的草堂，建在临浣花溪的一株古楠树旁。园内广植花木，满园花繁叶茂，浓荫蔽日，加之溪水碧波，构成了一幅极富田园野趣的图画。杜甫草堂质朴典雅，其间碧波萦绕、幽花溢香，既体现出杜甫故居的雅淡清幽，又没有祠堂园林的稳重肃穆。它将中国古典园林与传统诗歌、书法、绘画三种艺术精巧融合，其人文意象与自然意象相互渗透，虚与实互相融会，是纪念性园林建筑与景观结合的典范。

（a）

（b）

图 5-52　杜甫草堂景观

二、现代化应用材料

科学技术是第一生产力。随着科技进步的大力推进，各种新技术、新方法不断地涌现，出现了大批高质量、高技术的新兴材料。这些新兴的现代材料具有现代化的特征，能体现出现代化的设计思路，无论从设计师角度看，还是从设计作品的角度看，现代材料的使用使设计本身具有了一种不同于其他设计作品的特殊之处，因而引起了许多风景园林设计师的关注。

俞孔坚给秦皇岛市汤河滨河公园设计了一条绿林中的"红飘带"，形式独特、色彩艳丽，成为一条景观标志线。其选用的材料是玻璃钢，这种材料质轻、硬度高、耐腐蚀，能够完美地与设计场所融为一体，表达出浓厚的现代色彩。

美国景观设计师玛莎·施瓦茨（Martha Schwartz）也是一个非常善于在景观设计中运用现代材料的设计大师。她认为，景观作为文化的人工制品，应该用现代的材料制造，并且反映现代社会的需要和价值。从她的设计作品中，观赏者可以体会出不同的现代材料运用到设计场所中所带来的不同观赏感受。例如，玛莎·施瓦茨设计的面包圈公园座椅（图5-53），使用的材料虽然价格低廉，却出奇地呈现出特殊的设计构思，带有浓郁的地域色彩。

图 5-53　面包圈公园座椅

三、地方性材料

每一个地区都有属于该地区的地方材料。在我国古代，一般的城市工程建设都会采用地方材料，因为其具有运输方便、工程造价相对较低的特点，而且能够充分体现出地域特色，可以较好地适应当地的环境特征。因此，最初的设计师都是选择"就地取材"。

随着社会的进步，运输业变得十分发达，材料的运输开始便捷，设计师可以选择的材料也越来越宽泛，但地方材料的使用仍然占据着重要地位。从实际情况看，许多著名的风景园林设计师依然喜欢选择本土的地方材料，通过精心的设计与巧妙的构思，设计出让人耳目一新、地域性十足的景观作品。

不同的材料可以设计出不同的使用感受，所以在一个景观作品中，材料占据着举足轻重的地位。无论是选择传统材料还是运用现代材料，或者是偏爱地方材料，只要材料的选择是合理的，既不铺张浪费又能满足环境的可持续发展，同时融入地域特色，这样的材料选择便有利于维护一个地区的地域性景观。

白杨木花园住宅位于荷兰的格罗宁根（图5-54）。设计师在进行设计时尽可能地降低成本，满足当地居民的要求，充分利用当地的材质，建成了这个生态友好型花园。在这里，老年人、孩子、艺术家等都可以享受美好的时光。花园面积超过200平方米，有排水设备、充足的水源以及保护植物的巨大玻璃罩。电源主要是靠太阳能光电板。

（a）　　　　　　　　　　　　　　（b）

图 5-54　荷兰的白杨木花园住宅景观

第六节　地域性城市景观的应用技术

技术是将设计作品的构思体现出来所运用的手段，因而它在园林景观设计中的地位相当重要。随着科技的进步，产生了许多新兴的高技术手段，这为我们更好地进行设计提供了强有力的技术后盾。

一、传统应用技术

传统的中国古典园林造园技术主要表现在堆山置石技术、理水技术、植物技术与建筑技术方面。"堆山、理水、植物、建筑"是中国古典园林的设计四要素，因而造园技艺大多与这四要素息息相关。在堆山置石技术中，造园者或用山石堆叠形成假山，这种用法比较多见于园林中；或用独立的一块造型奇特的山石独立而成景，如上海豫园中的玉玲珑（图 5-55）。在理水技术方面，从情态上看，主要分为静水和动水；从布局看，主要分为集中和分散两种形式。

总之，中国古代造园者的精巧技艺造就了中国

图 5-55　上海豫园的玉玲珑

古典园林艺术的独特与辉煌。随着时代的发展进步，传统的技艺也发出了变化，产生了许多建立在传统技艺基础上的适应现代化建设模式的技术。传统技术选择性的传承与发展使传统技术现代化，这样的设计技术更能与现代地域性的文化特色相结合，从而创造出色彩斑斓的带有地域特色的景观作品。

二、现代化新技术

随着科技的进步，各种应用技术随之有了很大的提高，计算机应用技术就广泛应用到了社会中的各个领域。在风景园林设计中，以计算机为基础的 GIS 技术更是设计师的辅助设计工具。

GIS 技术是指以计算机为基础，对多种来源的景观客体的时空数据进行输入存储与管理、数据查询与分析、成果表达与输出的综合性的应用技术。通过叠加、邻近网络分析，认识和评价客体景观状态和景观作用过程规律，预测景观发展变化影响，数字模拟和展示虚拟景观。它的出现使景观规划设计在方法和手段上获得了一个飞跃，极大地改变了景观数据的获取、存储及利用方式，规划过程效率大大提高。它应用的三个步骤是基础数据分析、评价分析和模拟预测。

在其他工程技术应用方面，各种产业的进步带来了新的技术手段，为地域性景观设计带来了新的内容，如色彩的应用、灯光效果的处理以及音像技术的使用等。

与文化的地域化和全球化的关系一样，采用传统技术和高科技之间并不矛盾，采用传统技术并不妨碍对国外先进科学技术的吸收，而是在不同的层面同时发挥作用。

韩起文被誉为国内灯光雕塑第一人，他开创了灯光雕塑艺术的先河，并使灯光雕塑形成了一套完整的艺术体系。灯光雕塑艺术是将传统雕塑艺术、现代灯光技术与高科技控制手段相结合的新型艺术门类。它白天是雕塑，夜晚是灯光，起到了很好的美化作用，也为人类神圣的艺术殿堂增添了新的瑰宝。韩起文设计的蘑菇景观曾获 2012 年广州国际灯光节创意作品金奖，如图 5-56 所示。色彩特异、造型生动的"蘑菇"表达的是城市居民对绿色生态的渴求，绚丽多变的灯光表示科技的发展使我们的生活更加丰富多彩。整个蘑菇景观高度为 16 米，主体结构全部为不锈钢材质，通过专业的表面处理技术呈现不褪色不掉色的宝石蓝。雕塑中的 1 万多盏 LED 点光源采用 DMX 控制系统，使作品在不同环境及时间段展现出变幻莫测的灯光效果，再结合城市之光大型射灯，整体呈现出强烈的视觉冲击力与震撼力，很好地诠释了"绿色环保、低碳生活、梦幻时尚"的艺术效果。与"蘑菇"相呼应的巨型照相机更增加了作品的神秘感。通过这个逼真的照相机，拍照者可以在大屏幕上看到自己的姿态，踩下脚踏开关后几秒钟，照相机就会自动拍下一张以"蘑菇"为背景的照片并打印出来，这就是"蘑菇"的神奇之处。此作品的独特设计以及互动功能充分体现灯光节"自然、城市、科技、文化"的主题，并通过节日气氛带动了现场观众的情绪，提高了市民和活动之间的互动性。

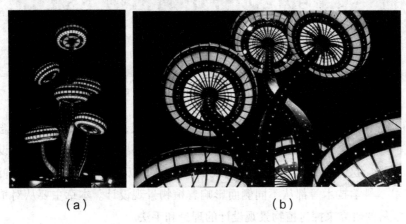

（a）　　　　　　　　　　　　（b）

图 5-56　蘑菇景观

第六章 现代园林中的植物景观设计

随着现代景观的发展和现代人审美观的不断改变，传统的植物造景理念和设计手法已经不符合时代发展的需要。因此，有必要提出新的现代植物景观设计的理论和手法，这将有助于现代植物景观的发展。可以说，城市设计、建筑设计、现代艺术、科学技术等都从不同侧面影响着植物景观设计。本章主要从对植物景观边缘学科的研究来探讨植物景观设计的理论和手法。

第一节 植物景观在现代园林设计中的发展

植物是景观建造中最常用的基本素材。自我国古典园林形成以来，无数文人雅士寓情抒怀在植物其间，以植物为主题的琴、棋、书、画、诗、歌、曲、赋等艺术作品层出不穷，形成了蔚为灿烂的中国植物文化。

近年来，对现代植物景观设计的研究虽然逐渐受到学术界的重视，诸多文章、论坛也探讨其发展，但是在研究中发现常态植物的整体形态和视觉特性是植物景观研究中比较容易忽视的问题，而对植物景观的地方性的差异及其现代植物景观设计手法的探索更少。所以，导致许多人仍存有"什么是现代植物景观""现代植物景观的发展方向如何"等问题，甚至引发了对传统园林是不断地摒弃还是修正与转型等争议。

随着社会需求和人的思维方式的转变，植物景观创作思想也随之发生了深刻的变化。从 20 世纪 20 年代到 60 年代末，在世界范围内，现代主义运动取得了辉煌的成就，现代设计随之产生。发展至今，已经形成一种多元并存的景观发展趋势。当然，这其中也包括植物景观的变化。植物景观作为交叉学科，城市规划、建筑设计、现代艺术等学科的理论与研究方法对植物景观设计产生了重要影响，而现代主义、地域主义、结构主义、象征主义、文脉主义等各种理论与非理性主义都成为植物景观设计可以接受的思想，植物景观设计的审美观念、设计理念和设计手法发生了与传统植物景观截然不同的转型与变化，呈现出多种倾向的发展趋势。

一、植物景观的发展历程

（一）植物景观概述

植物景观属于软质景观，它是以园林植物为基本素材，运用艺术手法创造出一个表达某种意境或具有某种用途的空间。植物景观是具有生命的绿色植物塑造的空间，是一种生命材料，其形体、色彩在不断变化。这是植物不同于其他园林要素的独特性。这包含两层意义。一方面，在一定条件下植物景观能表达"人文"的意境。理想的植物景观应该是协调自然与人文之间的关系，成为现代景观中的一个有机组成部分。另一方面，植物景观空间的创造是以植物为衬托而形成的绿色"氛围"空间。

现代植物景观的定义和范畴则更加宽泛，不仅包括自然界中枝、叶、花、草等洋溢着自然生命气息的自然植物，还包括用现代工业材料塑造的人工植物。尽管所使用的素材不同，却同样表达着对生命的追求，体现着现代植物景观设计"源于自然，又离于自然"的特点。植物景观范畴的扩展使研究植物景观的理论也变得更加有益而丰富。植物景观的设计手法适用范围不再局限于园林和城市绿地的范畴，屋顶花园、乡野植物景观也是其组成部分。

设计手法作为解决矛盾的手段，可以有无数个构想存在。景观设计手法是设计师在设计过程中表达设计思想的手段，是设计思想与理论的物化表达方法。如果说景观设计的全过程由"动脑"和"动手"两部分组成，设计手法则是由动脑向动手转化的基本环节。纵观各种版本的设计理论，无论是使用功能还是审美意识的表达，最终都要具体到可操作、可识别的设计手法中。可见，设计手法是理论与思想的表征，是理解设计理论、实现设计思想的必由之路。

在国内现代景观设计中，设计者往往注重硬质景观的设计手法，轻视植物景观的设计手法。对植物研究还停留在物种的分类、生长习性、观赏特性等方面，并没有真正和现代景观设计融合，导致植物景观的发展落后于现代硬质景观，继而出现了硬质景观和植物景观不搭调的现象，这样的景观往往会让人感到不伦不类。同时，现代环境的恶化导致人们越来越关注自然生态环境的改善，而植物在其中的作用可想而知。但是，当我们想要把这种理念表达出来并应用于生活时，我们就需要用一种甚至许多种的设计手法来实现。设计手法的表达就是深层理念追求的物化形式。这就确立了对现代植物景观设计手法研究的必要性。

通过对城市设计、建筑设计、现代艺术等多种交叉学科的探讨，研究现代植物景观设计理论与设计手法，探索具有中国特色的植物景观的创作之路。同时，随着社会文化的发展，各种设计倾向之间的界限正在慢慢地淡化。虽然我们总是试图将某些设计归于某种设计手法之中，但往往很难指定，可能就是设计作品的共融性和各种设计手法界限的模糊性，使植物景观的设计手法丰富多样，并不能被我们一一地罗列与归纳。人们的想象力与创造力是无止境的，植物景观的艺术形式也将随着人们的审美水平的提高而变化。图 6-1 是城市街道绿化的植物景观。

图 6-1　城市街道绿化的植物景观

（二）西方植物景观的发展状况

西方植物景观设计从规则式、自然风景式发展到现代以倡导生态和人文结合的植物景观，经历了数百年，呈现出百花齐放的局面。

在维多利亚时期，植物起初被视为战利品。富有并拥有特权的园林主人喜欢在他们的园林中栽植一些不寻常的植物，这形成了植物材料的多样性。而当时的一些前卫设计师开始谴责造园中规则式手法的滥用，倡导用更多的自然式种植。

真正的植物景观设计是到 20 世纪 60 年代才得以深入发展的，此时设计师开始利用植物元素增加园林的情趣，营造雕塑般的效果，强化情感和艺术特征。随后，多种植物组合的概念进一步发展，结合了美学、园艺学和生态原则，强调了可持续性。

而西方现代植物景观的产生是随着工业化城市的形成而兴盛的。城市的不断发展减少了人们进入自然空间的机会，同时带来了一系列环境污染问题。植物景观环境成为人们欣然前往的"乐园"。当前，西方国家的植物景观分类细致化、成熟化，而且不同类型的绿地系统有不同的要求和特色。现代植物景观成为一个优美的绿色开放空间，并为人们提供了一种静谧极致的自然景色。这其中出现了许多著名的园艺师和景观设计师，如格特鲁德·杰基尔、罗斯玛丽·维里、米恩·瑞、杰弗里·杰里科、丹·凯利、托马斯·丘奇等，他们都为推动植物景观的发展起到了不可忽视的作用。图6-2为托马斯·丘奇设计的泳池景观。

图6-2　泳池景观

（三）中国植物景观的发展状况

在中国，"植物景观"在一定程度上可以说是古典园林的植物配置。中国园林中的植物配置，除具有营造良好的小气候环境的物质功能外，还有利于塑造富于诗情画意的意境空间。所以，有人称中国人赏景看的是景，游的是文化。图6-3为苏州拙政园的植物景观。

图6-3　苏州拙政园

我国学者对现代植物景观的关注是从20世纪80年代开始的。目前，对现代植物景观的研究基本继承了园艺学的研究方法，大都集中在对植物观赏特性的研究。早期的一些园林植物研究主要针对某一属、种，植物种类的排列顺序一般都是按照植物分类学的通行做法。这样的研究方式使学习者能够对每一种树木的性状有了比较清楚的认识。而这种研究方式只适用植物学研究，对更深层次的研究却没有触及。后来，有一些学者在研究时，对园林植物按照视觉特性、使用方法等进行了一定的分类和归纳，可以看出他们的研究是以园艺学和植物分类学为出发点的。这种研究方法在我国的景观设计中一直处于主导地位，也是设计师不可或缺的专业基础知识。但是，对现代植物景观的设计手法的研究还不够，且在实际设计中可操作性也不强。时至今日，将现代设计观念融入到植物景观的设计理论与手法研究中已经成为必然，因为植物景观设计不可能脱节于现代景观设计这一整体体系的运作和思想。

二、植物景观的发展需求的变化

（一）思想观念的转变

思想观念是人们认识问题、解决问题的习惯性思想程式与方法。思想观念的转变是使思想转化为现实的基础。这是研究现代植物景观的社会基础和思想根基。

在这个非物质社会，人们的思想观念和思维方式发生了根本性改变，表现在以往被人们视为相互对立的矛盾和现象，不再呈现一方与另一方不可共处的现象，而是同时出现，甚至相互融合。例如，物质与非物质的对立、精神与身体的对立、天与地的对立、主观主义与个人主义的对立等，已经在不知不觉中消失。并且，人们思想观念的转变远远先于客观对象的变化。思想观念出现了由保守性向创造性、封闭性向开放性、单一性向多样性、静态性向动态性、依附性向独立性的转变。正是在这种时代背景下，植物景观也随之发生了重大的变化，出现了从追求唯美到表达真实生活的转变。

在中国传统园林占主导的时代，人们的审美总是追求一种隐喻的"意境美"。但在自动化程度日益提高的现代，植物景观设计在不断地变化并呈现出复杂性，设计成果越来越追求一种无目的性的、不可预料的、工业化程度很高的表达方式和设计意图，进而形成一种"反诗意"的植物景观设计。很明显，这种价值追求正是现代主义所追究的东西。

同时，当代的植物景观设计往往经由不同专业共同规划、设计和建造完成。所以，植物景观的设计手法正是处于一个各种设计理论多元化共生时期和普遍审美化的趋势之中，传统风格不再是当代设计师们为我们这个技术社会所做的设计。

设计师从众多的当代建筑、艺术、电影等领域中获取灵感，一改传统创作思想的单一，更多地强调人类的本质力量，竭力强调设计对现实生活的创造、设计的无功利性、人性的重要性。

（二）形式与功能的重新诠释

进入现代工业社会，特别是数字时代以来，人们生活的方方面面，不管是"功能"还是"形式"，都经历了一种从物质性到非物质性的过程。本来，功能应与形式相一致，功能必须在形式中有所表现，但在现代数字信息时代，许多高科技产品或智能产品，其表面的形式已与其功能脱离。例如，电子信息的传输，我们只能看到功能的表现（信息的传递），而完成功能的机制是看不到的。

那么，形式与功能的关系发生了什么变化呢？在社会学家马克·第亚尼主编的《非物质社会》一书中提及了"形式激发功能"的说法，他把"形式追随功能"这样一种被动式的关系变成了主动方式，说明形式对功能可以产生积极的意义。

伴随着社会的发展和人们生活方式的改变，现代植物景观被赋予了新的内涵。比如，面对日益严峻的城市环境问题，城市规划理论的相应发展、城市规划布局和外部空间形态的变化使景观格局发生了相应转变；又如，随着轿车进入生活，城市的交通流线组织也对植物景观设计提出了新的要求。随着人们生活质量的提高，人们的审美方式逐渐转变，现代植物景观也因此被赋予了新的形式和功能。这就要求设计师在现代植物景观设计中重新审视人们的行为习惯，用发展的眼光看待人们不断变化的物质和精神文化需求，关注人的环境行为心理和审美需求，赋予现代植物景观以新的形态和内涵。

（三）全球化技术的发展

全球化进程中的社会、人类、技术与自然正表现为日新月异的变化，一处微小的技术进展就可能导致各方面关系的大调整，但有些事物和价值是永恒的，如对人与自然生命的尊重、人类情感的交流、生活质量的提高、自我认知的深刻、创造力的展示、文化的持续等，这些正是现在和未来植物景观形式与内涵所要表达和追随的。相对于全球化的趋势，景观日益成为一种综合呈现，包括自然植物景观被感知的状态、技术在植物景观领域的展示形态、植物文化的承载物等。当然，在技术全球化完善过程中也存在一些阶段性的障碍，随之带来植物景观发展的新问题。尤其是技术的应用和植物自身生长规律的矛盾，使技术的拓展容易失控，超越社会实际需求和地域条件的许可（如新物种的引进），成为自主系统，以致植物景观与人类真实生活疏离或对人类的生存环境带来种种破坏。技术的迅速发展导致人类社会及其文化的巨大变化，甚至改变了人类的认知方式和途径，但技术的发展归根结底仍由人类控制，要破除技术崇拜和技术恐惧，运用各地区人类的智慧理解技术、驾驭技术，将技术的发展纳入为人所需、为人所用的植物景观中，在技术与地域自然生态、文化传统、社会经济的全面协调中，创建人类的理想家园。

第二节　现代植物景观设计的表现

景观设计一直与建筑学有着直接的联系。从传统园林的发展来看，植物造景是建筑的一部分，而现代建筑更是走向了景观化。植物景观的选材和风格随着建筑风格的转变而变化，建筑设计也越来越注重和环境关系的处理。当建筑领域发生变化时，尽管景观环境的变化没有那么剧烈和明显，但由于建筑师的直接参与，它也在发生一些转变。

一、现代景观化的园林设计风格

目前，地球上资源越来越少，生态环境严重破坏，人们可利用的资源和绿化面积也越来越少，地球沙漠化严重。面对这一严峻的现实，全球正在面临一场深刻的设计观念的转变。当然，作为与环境最为密切的建筑也不例外。建筑的发展开始走向景观化，它已经不是传统意义上独立的建筑设计，而是讲究与环境的协调，把建筑看作环境的一个部分，甚至作为环境中的一个景观。建筑师与景观设计师通过环境要素与建筑空间的相互对峙与和谐来创造崭新的空间。广义的建筑学将园林环境作为建筑的一个组成部分予以考虑，使建筑师常常涉足对园林景观设计的尝试，并给许多园林设计师以启迪。

（一）建筑与庭园的结合

意大利建筑师阿尔帕蒂认为，住宅与庭院应是一个有机的整体，不应当只把庭院包含在景观里，而是要将它融入景观中。建于 15 世纪的比苏齐奥的西克纳·穆佐尼别墅内的下陷式庭院完美地阐释了将建筑延伸到庭院或将庭院延伸到建筑的概念。这座别墅建在山坡上，在布局上充分利用了地形的变化，使每一层楼都有一座不同的庭院。这种将住宅与庭院连为一体的观念在欧洲被沿袭下来，体现了人们钟情于规则庭院。

19 世纪以来，将建筑与庭院连为一体最普遍的建筑方式就是温室，还有就是波特曼创造的共享空间，形式自由而丰富，把自然景观引入建筑中，完整地表达了人们享受自然的观念。建筑之中有阳光、泉水、高大的树木、灌木花卉，人们可以轻松地在室内享受自然的恩泽。许多大型的商场和购物街中也融入了自然元素，如高大的喷泉、潺潺的小溪流、参差的树木等。

这种与建筑结合的庭园启发了现代景观设计师，他们不但考虑到运用现代材料和方法，而且创造出清晰的三维空间。他们的许多植物设计建在许多出人意料的地方，从屋顶到树顶，不一而足。他们对三维空间的精心构思促成了多层植物景观形态的诞生。促成这一结果的另一因素是地面空间的有限和价格的昂贵，导致其向空中发展。这一新型的植物景观解决了城市中缺乏空间和缺少绿化的问题。例如，一幢办公楼，其庭院和建筑亲密无间，攀缘植物分层地爬到办公楼的墙上，简直就是一幅植物组成的绿窗帘，如图6-4所示。

图6-4　建筑物绿色植物景观

（二）植物与建筑的融合

许多现代主义建筑师都提出了建筑与环境的关系问题，如密斯、赖特和柯布西埃的作品都非常强调室内外空间的连续以及建筑与园林的融合。在建筑师的影响下，现代风景园林设计师在设计中也不再局限于园林本身，而是将室外空间作为建筑空间的延伸。

托马斯·丘奇设计了大量的庭院，虽然每个在风格、场地、建筑以及主人的喜好上有所不同，但一般藤本植物和建筑结构都有不规则的草地、平台、游泳池、木质的长凳可以遮挡日晒以及其他消遣的设施。丘奇在设计中根据建筑的特性和基地的情况把这些基本的元素进行了合理的安排，创造出了极富人性的室外生活空间。丘奇最有影响的两个庭院设计是加州Sonama的唐纳花园和加州Aptos的海滩住宅花园，他通过形式和材料的重复使场地与周围的自然景观相结合，并运用各种变化形式使建筑中硬朗、几何的线条与自然环境中更为自然、流线型的线条相连接。

　　还有许多的现代主义园林设计师通过与建筑师合作，创造出许多优秀的园林与建筑完美结合的作品。在这方面，丹·凯利做得非常出色，他的设计总是从建筑出发将建筑的空间延伸到周围的环境中。他采用的几何空间构图与现代建筑的简洁明快极为协调，使建筑与园林得到了有机的融合。杰里利认为，景观设计作品应该把场所精神作为设计中心，建筑应该融于景观之中，其作品完美地将建筑和园林结合在一起。具有代表性的就是现代建筑大师莱特所提倡的有机建筑观点，他认为建筑应该像植物一样是从地球上生长出来的，自然法则是人类建筑活动的根本法则，强调建筑要像生物一样，与天体运行、时序变迁同步，充满生机。在这种观念的影响下，他做了一系列建筑设计，这些设计完整地体现了他的设计理念。例如，他设计的西塔里埃森住宅宛如生长在大自然的岩石上一般，所用的材料也都源于当地，如图 6-5 所示。

图 6-5　亚利桑那州西塔里埃森住宅

　　建筑设计师奥比耶·鲍曼认为，每块土地都有其潜在的灵魂，建筑应该是土地的一部分，而不是与之脱节的异物或是孤立无援的艺术品。其理念在布伦塞尔住宅的设计中得到了很好的体现。植满草皮的坡屋顶最小限度地减少了建筑物的体量，让它自然地衍生在荒野中，而没有对周围环境产生过分的压迫感。站在距离建筑不远处起伏的山坡上，越过建筑的屋顶仍然能够毫不遮掩地一览伸向地平线的大海。

　　安托万·普里多克设计的树之剧院，充分体现了建筑与环境的有机联系，该庭院位于密林遍布的陡峭峡谷的边缘，岩层上有一层梯田，上面种植植物以吸引鸟类。建筑中几乎所有房间都通向室外，以便人们充分欣赏到奇妙的自然景色和野生动物。房顶是观察台，上面开有一个圆形的天窗，可以使阳光照到下面的餐厅。在建筑上还设计了一部"天梯"，"天梯"从建筑延伸出去，渗透到峡谷的树林中，能使人们观察到不同的鸟巢而不会打扰鸟儿。这个利用高技术建成的景观由黑色钢材制成，地板用的是打孔的钢板，使人们能够看到地面。整个建筑所用的材料和有棱角的几何形混凝土建筑都与柔软的植物景观形成直接的对比。建筑没有辟出一个严格意义上的庭院，但它与周围的环境直接形成了一座庭院。其奥妙在于它的建筑和结构，人们可以进入自然环境之中并欣赏美丽景色。

（三）屋顶绿化

在建筑中穿插绿意，这一做法自古有之，发展到今天这样关注屋顶绿化，可举出几个理由。最充分的理由是把屋顶绿化作为改善城市环境和缓解"地球温暖化"现象的一个手法。毫无疑问，通过绿化改善环境是屋顶绿化兴起的首要前提，另一个原因则是现代城市用地的紧张。

说到屋顶绿化，人们往往把它理解为屋顶庭园的同义词，但涵盖在其中的不只是屋顶庭园，还包含多种形态和支持这些形态的技术。

布雷·马克斯为 CAEMI 基金会做的环境设计中一部分是屋顶花园设计。由于没有土壤层，布雷·马克斯建造了高大的种植池，一些是方形，一些是圆形，并种植了各种各样的植物。他还通过在种植池中间竖立高高的柱子塑造竖向空间，柱子包裹着蕨类植物作为树皮，形成雕塑般的感觉，如图 6-6 所示。

图 6-6　CAEMI 基金会屋顶植物景观

（四）走向地下的绿色建筑

建筑也开始走向与环境相结合的道路，人们利用现代技术和材料，在屋顶上栽种植物，开始把建筑向地下发展，最大限度地保留地面上的植被，并利用太阳能技术节约能源，使建筑与环境浑然一体。建筑的原则也开始走向以不破坏环境为标准的设计原则——绿色设计，致使一些建筑开始走向地下，一些具有传统意义的"窑洞"建筑相继出现。

Cehegin 的红酒建筑是由翻新的酒窖改建而成的，这里的红酒已经生产了1000 多年，该项目的重点是保护原有的结构而不是改造，目的是可以更好地向公众展示传统的酿酒做法。这种空间像山洞一样，对地下原有结构并没有多大改动，达到了预期的效果，如图 6-7 所示。

 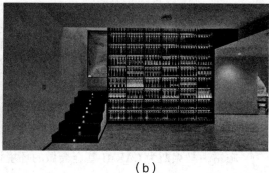

（a）   （b）

图 6-7　Cehegin 的红酒建筑景观

二、建筑流派与植物景观

当代各种主义与思潮的并存使现代景观设计呈现了前所未有的多元化，植物景观同样受到了影响。例如，建筑界中的现代主义、结构主义、后现代主义以及各种非理性主义都成了植物景观设计可以接受的思想，并且在植物景观设计中得到了一定的体现。

（一）现代主义

现代主义在 17 世纪时开始建立，受到了笛卡儿的数学观念的影响，笛卡儿希望用数学的方法来理解和建造整个世界，使事物不断地结构化和条理化。现代主义观念主张设计要具有时代的特点，时代改变了，设计就不能沿用旧的形式和旧的美学原则；把功能性作为设计的出发点；主张运用新的技术、新的材料；主张设计应为人民大众服务；等等。沃尔夫·R.韦尔施在《重构美学》一书中，把"现代"归纳为五个基石：新开端的激烈性、普遍性、量化、技术特征，以及统一化。

在其影响之下，景观设计的形成、发展与建筑的发展相辅相成，并逐步形成了有别于传统园林的风格和形式。植物景观设计手法的研究大致也是如此，只是在理论上没有像建筑、绘画、雕塑等艺术形式那样形成流派或主义。

随着人类文明程度的提高，人们对过去的设计思想不断地反思，产生了许多对植物景观的新认识。传统的对植物景观的研究侧重植物的植物学性状，继承了植物分类学和园艺学的科学精神，在我国的景观设计中一直处于主导地位。而现代主义观念对当代园林的贡献也是巨大的，它为当代园林开辟了一条新路，使其真正走出了传统，形成了新的设计观念：反传统，注重形式生成的因果性，重视设计过程的逻辑性，新的设计观念追求设计与建筑产生最大功用和效益。在概念上，追求概念合乎理性，讲究真实、明晰，使含糊性与不准确性降到最低。这些都是现代主义的特点，丰富了设计手法和设计思路，体现了现代主义鲜明的民主性以及为大众设计的思想。

早期的法国现代主义者运用有力度的几何形和明确的结构形式打造植物景观。许多人将这样的作品看作建筑而不是园林。但园林应该是什么样子，或是能够成为什么样子？解决这一问题是现代主义植物景观形成的良好契机。

1. 以人为本

在现代主义园林中，设计的服务对象是人民群众，要充分考虑大众的需求，真正体现以人为本。除了少数的私家庭园外，大多数项目都是为公众而设计的。而无论西方的传统园林还是中国古典园林都是服务于少数权贵的，虽然英国的风景园与现代园林中的公园在形式上有某些相似，但风景园也是为了少数贵族的美学需求和部分人的私人使用建造的。只有现代主义园林是真正为城市提供良好的环境和为大众提供消遣娱乐的场所建造的。大众在这里可以充分享受现代公共园林所带来的优美舒适的环境，不受任何地位和身份的限制。

2. 形式与功能相结合的思想

美国建筑师沙利文于1896年提出的"形式追随功能"这一口号成了现代主义设计运动最有影响力的理念之一。现代主义园林虽然没有现代主义建筑那种绝对的功能化，但功能已成为设计师首要考虑的问题。例如，丹·凯利就认为"设计是生活本身，对功能的追求才会产生真正的艺术，古代的陶器和建筑都是很好的证明"。唐纳德也倡导现代园林设计的三个方面：功能的、移情的和艺术的。现代主义园林设计是为了满足人们的使用功能，将形式与功能进行了有机的结合，而不局限于视觉上的观赏效果。

3. 丰富的功能空间

现代主义植物景观大多为开放的公共场地，主要为大众提供观赏、游憩和休闲活动的空间,因而现代主义植物景观的功能需求比传统植物景观要复杂得多,功能空间更为丰富。现代植物景观在设计中除了注重形式上的美观和构图上的均衡完整外,还需要创造丰富多样的功能空间,以满足人们休息、赏景、散步、交流、聚会、表演、参与、停车等各种功能要求。

现代主义植物景观考虑到大众的这些现代城市生活的需求,利用各种传统或现代的园林设计要素进行布局,创造了一处处丰富多彩、功能合理的园林景观空间。城市休闲广场、滨河绿地、街头绿地、道路绿地、公园以及居住区绿地、公司园区绿地等遍布城市的各个角落,为大众提供了观景、休闲、娱乐的场所。同时,现代主义植物景观设计师在进行小环境的园林设计时,不仅会考虑到公共的开敞空间,还会营造一些相对僻静的小空间,这既增加了景观空间的丰富性,又给人们的活动带来了更多的自由选择。

4. 合理的功能分区

现代主义植物景观要想很好地解决人们在各种使用功能上的需求,就必然要进行合理的功能分区。虽然有些场地较小,并无明显功能区域的划分,但设计师通过精心的处理安排,能使人们使用起来感到方便舒适。

丹·凯利的设计在形式与功能的结合上可以说是最为成功的,他总是从基地的情况、客户的要求以及建筑师的建议出发,寻找解决基地功能最恰当的图解,将其转化为一个个功能空间并以几何的方式组织起来。他对当时的新古典主义与历史主义的反感并不像埃克博与罗斯一样强烈,而是有选择地将历史作为设计的灵感之源。他在设计中借助历史传统的意象,以一种现代主义的结构重新赋予其新的秩序和功能。

5. 与环境相融合的思想

传统的植物景观与周围的环境以及建筑之间是相对独立的,园林只是建筑的陪衬,与周围的环境更是缺乏有机的联系。现代主义园林则非常注重与环境的融合,其为城市带来了优美宜人的景色,为建筑增添了舒适美观的室外活动空间。

6. 植物景观与城市大环境的融合

随着城市化的不断发展,现代主义植物景观设计从庭院扩大到城市,设计手法也从园内设计转向与现代城市生活相结合,改善城市环境。现代主义植物景观是现代城市化的产物,植物的形式、功能与城市的景观及城市生活密切相关。随着城市化的进程不断加快,大量的高楼大厦挡住了远处的自然风光甚至天空,而植物景观起到了调节城市环境的作用。现代主义植物景观不仅在形式上与现代城市的风格相互融合,还要满足市民各种功能上的需求。现代主义植物景观建立了一个均衡分布、灵活自由的室外空间系统,可以向不同年龄、不同兴趣、不同性别的城市居民提供丰富多样的休闲娱乐活动。

例如，城市高速公路的植物景观设计减少了高速公路对城市环境的影响，使园林与高速干道、城市环境有机结合。哈普林设计的西雅图高速公路景观就创造性地结合了道路交通与城市景观的需要，犹如飘浮在高速公路上的一条绿色绸带，装饰、美化了城市环境。

7. 通过几何形体来构造空间、展现秩序

现代主义植物景观一个最为显著的特点就是它们大都由基本的几何元素建构而成，即直线、矩形（正方形）、圆形甚至三角形都频繁地出现在其中。设计师通常会运用一种几何元素重复组成的网格控制和划分场地，分割空间。这种设计手法与法国古典主义造园师勒·诺特尔的手法如出一辙，目的各不相同。勒·诺特尔用宏伟规整的几何式园林象征王权至上的理想，用轴线表明皇家无上的威严。现代主义植物景观设计则在园林中用几何形与网格对应城市、街道和建筑的结构，暗示自然乃至宇宙间的秩序。同时，将勒·诺特尔式园林中死板的中轴线转化为相对自由的轴线体系，根据空间的特点来灵活布置，体现了现代主义园林新的设计理念。米勒庄园中的轴线布置就参照了建筑空间划分的特点，将室外整体空间划分为功能各异的空间系统，轴线间的相互穿插呼应使空间过渡生动而合理。

丹·凯利在设计时所做的第一件事通常是从整体上理解主要环境，并选择出一种最合适的处理方式，然后运用行道树形成的轴线、植物组成的阵列和独特的铺装完善设计。他的设计有时是两种相似元素间的联系，有时则是不同种类元素的融合。在后一种情况下，为了使外部空间与内在领域清晰，丹·凯利常将注意力从设计本身转到对周边自然的关注上。

与古典园林所表现的秩序不同，丹·凯利更多的是寻求在园林中表达一种人格化的自然秩序，一种永恒的精神体验。爱默生认为，人的基础不在于物质，而在于精神。丹·凯利在设计中证实了这一点，理性即永恒，秩序只是自然在人心中的一个观念，而且它与精神相结合，成为一体，在和谐中承认了彼此的存在，成为永恒的体验。

矩形（正方形）与圆形也是凯利园林的基本构成单位，它们通常被赋予不同的质地与用途：矩形（正方形）通常作为铺装草坪的图案或水池的形状，圆形则是种植坛和喷泉水池的常见外形。圆形与矩形有时会同时出现在一个设计中，如1990年在设计伊利诺斯海军码头的水晶宫广场时，丹·凯利就将两者结合起来，在广场矩形玻璃层节点中央布置圆形种植坛并呈棋盘状种植棕榈树，树与玻璃层形成矩形和圆形相互交错的空间结构。

8.线性序列空间的塑造

线性序列空间的塑造在具体的设计手法上表现为空间相对完整，地面图案得到强调，通常用简单的几何形，但其他线形如折线也常使用，线形组合更加自由，轴线仍在使用，却不强调完全对称布置景物，而是追求不对称的均衡。

在丹·凯利的作品中，直线主要用来构成各种轴线以及廊道。例如，在亨利·摩尔雕塑花园中，展览馆建筑主立面放射出两组平行线，两侧种植高大乔木，形成两条步行廊道，而建筑与花园的过渡空间用六条平行线切割出五层台地，层层跌落，颇为壮观。又如，空军学院花园，其总体构图就是由数组横竖垂直相交的平行直线组成的，笔直的线条有力地表达了军队严明的纪律和无畏的战斗精神。

（二）后现代主义

植物景观应是一个多元化空间，是以人为参与主体的多要素的复合空间。它绝不是现代主义的思维方式（假定事件状态和最终目标状态均为已知，然后试图更好地组织初始状态向终极状态的转变，思维方法的基础是寻找一个规则的系统、一套逻辑上严格的能产生满意甚至最佳结果的规则，是一个封闭的、终极式、"决定论"的过程）所能把握和左右的。后现代主义完全放弃了这种逻辑规则的目标，采用启发式的探寻方法，将各要素构成的景观看成一个没有边际的整体，使整个有机体维持一种动态的自动平衡。在这种思想的影响下，出现了一系列具有后现代特点的景观作品。

（三）结构主义

结构主义与其说是一种流派，不如说是一种设计中的哲学思想。它通过某种记号进行信息传递，是由人们所固有的文化所决定的，而这种记号作为一种"符号"可以用来表达对世界的理解，传递理解的信息。

结构主义与中国传统园林追求"意境"的设计手法有所不同，是一种直观的、感性的设计手法，更注重追求视觉上的明朗与刺激。在植物景观设计中，结构主义设计多是与建筑的尺度、造型、材质十分协调的几何线形。这种手法所创造的作品往往能给人留下深刻的印象，也更容易被人们接受。

结构主义具有以下特征：

（1）结构主义设计通过"设计符号"不仅能表达物体本身，还能表达文化。结构主义设计将任何设计物体都看作"材质"，每个设计的东西都有各自蕴含的传统意义和内涵，依据它们之间的关系可以将它们组合成一定的形式。

（2）结构主义设计可以将不同的文化和历史意义进行转化。

（3）每个设计的物体本身都可以被解释成不同的意思，所以可以将设计的内容进行"结构"分解。

位于德国哈勒市的企业与其建筑内庭景观规划，平面分区、线形规划、不同材料的叠加使用都体现着结构主义的设计特色，即设计结构图与颜色相互交织在一起，形成丰富的景观，带给人们多种感官感受。

巴黎建设的纪念法国大革命200周年的九大工程之一的拉·维莱特公园是结构主义的典型。伯纳德·屈米的设计思想自有他的一套结构主义理论。他的设计非常严谨，方案由点、线、面三层基本要素构成，先把基址按一定规格画出一个严谨的方格网，在方格网内约40个交汇点上各设计一个耀眼的红色建筑，屈米把它们称为"Folie"，它们构成了园中"点"的要素。接着，他将方格网构成的点系统、古典式的轴线的线系统和纯几何的面系统叠加，形成了冲突、疯狂的结果：有的变形、有的加强，线的清晰被打破，面的纯洁被扭曲，在红色的疯狂之中构件相互穿插，体现了对传统主导、和谐构图与审美原则的反叛。他将各种要素裂解开来，不再用和谐、完美的方式相连接与组合，而是用机械的几何结构处理方式，更加注重景观的随机组合和偶然性。但是，在拉·维莱特公园的设计中仍然流露出法国巴洛克园林的一些特征，如笔直的林荫道、水渠等。那些耀眼的景点建筑尽管是以严格的方格网布置的，但彼此间相距较远，体量不大，形式上非常统一，而公园中作为面的要素出现的大片绿地、树丛构成了园林的总体基调，因此这些"Folie"更像是从大片绿地中生长出来的一个个的红色标志。在这种自然式种植的植被中，我们感受不到那种严谨的方格网的存在，整座园林充满自然的气息。屈米以他的设计为我们提出了一种新的可能性，即不按以往的构图原理和秩序原则进行设计也是可行的。

（四）解构主义

20世纪70年代，法国哲学家德里达最早提出结构主义。他大胆地向古典主义、现代主义和后现代主义提出质疑，认为应当将一切既定的设计规律加以颠倒。他提出了解构主义，反对统一与和谐，反对形式、功能、结构、经济彼此之间的有机联系，认为设计可以不考虑周围的环境，提倡分解、片断、不完整、无中心、持续的变化，而使用解构主义的悬浮、消失、分裂、拆散、移位、斜轴、拼接等手法所营造的不安定感。他把这种断裂性和错位性特点推向极端，用逆反的形式展现一种新的审美方式。在他的哲学审美意识影响建筑的同时，当代景观设计在积极响应并使解构主义应用于景观设计中。

景观设计师路德维格·根斯德汲取了康定斯基、柯布西耶的艺术营养。他在园林设计中体现的是解构主义，包含一系列锐利的、不对称的构图，由硬质与软质材料组成。这种不对称并不是指园林是不规则的，因为铺装是棱角分明的，而且黄杨和紫杉篱以及地被植物都被精心地修剪过，以创造一种强烈的规则感觉。

哈格里夫斯在辛辛那提大学设计与艺术中心的环境设计中（图6-8），一系列蜿蜒流动的草地、土丘好像是从建筑师艾森曼设计的扭曲的解构主义建筑中爬出来的一样，创造出了神秘的形状和变幻的影子。这个设计不是在迎合建筑风格，而是站在景观创作应有的角度创造一个"玄秘而又奇异"的场所。

图6-8　辛辛那提大学景观

第三节　现代植物景观设计的观念的转变

现代植物景观设计广泛应用了现代主义艺术的构图方式和观念，形成了完全区别于传统园林景观的特点。在空间特性上，现代景观设计师从现代派艺术和建筑中汲取灵感构思三维空间，再把雕刻方法加以具体运用。现代庭院不再沿袭传统的单轴线方法，立体派艺术家多轴、对角线、不对称的空间理念已被景观设计师广泛运用。另外，抽象派艺术同样对植物景观设计起着重要作用，曲线和生物形态主义的形式在庭院设计中也得以运用。同时，由于当代美学处于动荡的时期，各种流派和风格观念对景观的影响使植物景观设计或多或少地发生了一些变化。因此，现代植物景观设计手法为多元化的特点。

一、艺术观念的转变

现代艺术的产生，使人们的艺术观念发生了翻天覆地的变化，这种变化影响了整个人类文化，对人们的生活习惯、生活方式也产生着重要的影响。由于具有技术与艺术相结合的边缘学科的特性，现代植物景观设计在创作观念上难免受到艺术观念的影响。

与20世纪以前的西方传统艺术观念相比，现代艺术观念在以下几个方面发生了转变，并在一定程度上对现代植物景观设计产生了直接或间接的影响。

（一）从模仿再现走向主观精神的表达（具象与抽象的表达）

从模仿再现到主观精神表达的转变是一个相对的概念。现代艺术诞生于西方，多少世纪以来，西方人脑海中始终存在着真实的美。艺术的目的就在于模仿再现这些真实的客观世界，文艺复兴完善了这一真实的概念，以透视、解剖、明暗等科学法则发展和充实了再现客观对象、描写真实的艺术手法。然而，现代科学技术的发展尤其是照相技术的产生和普及对模仿写实艺术构成了相当的威胁，东方艺术中的表现性和平面感却使西方艺术家获得了新的灵感。塞尚、凡·高冲破了传统艺术观念的束缚，在绘画中将主观精神的表现放到了主导地位。于是，表现心灵的真实、表现纯粹的主观感情成为现代艺术的一个主流。抽象派艺术、超现实主义艺术的产生和发展，就是这种艺术观的具体体现。在这种艺术观念转变的背景下，抽象派艺术与现代社会的发展相结合。

在景观设计领域，运用抽象的手法和自由平面语言，使现代景观在形式上更加丰富多彩，一些传统观念中的禁忌也被打破。例如，具有轴线式对称关系的法国古典园林空间布局就不断地被修正。

1. 模仿的表达

自古以来，中国传统的植物造景大量采用了模仿的手法体现意境。例如，古典园林中的"一拳代山""一勺代水""三五成林"等都是对自然界万事万物的模仿。到了现代社会，人们对自然的渴望越来越强烈，人们热爱自然、欣赏自然，并有意将自然引入我们的生活环境。模仿的手法也沿袭至今，成为现代植物景观设计的创作手法之一。模仿主要是运用现代造景方法对客观事物和大自然的一种重现，可以分为对客观事物的模仿、对自然景观的模仿、对自然景象的模仿、对自然时节的模仿"等五种方式。

（1）对客观事物的模仿。在现代绿地植物造景中，通常利用不同色彩的花灌木，如金叶女贞、红花檵木、小叶黄杨、矮生紫薇、海桐等，构成花篮、钟表、同心结等图案，体现生活中的点点滴滴。

（2）对自然景观的模仿。在城市中一般很难看到自然的山水，所以在有限的城市空间中，也经常用不同的植物造景模仿不同的自然景物。例如，利用同一种类的乔木、灌木进行丛植或群植来形成"城市森林"，水杉枝叶茂密、高大挺拔，往往通过群植的方式形成绿色屏障来模仿自然山屏。再如，云南世博园入口的设计方案中，利用红色的一串红、粉色的美女樱和紫色的勿忘我组成花海大道，其蜿蜒起伏的线性模仿了流淌的海水，渲染了一种热烈、欢快的气氛。

（3）对自然景象的模仿。自然景象由日月星辰、云雾风雪等诸多因素构成。为了创造出一种自然生动、静中有动的景观，时常运用植物造景来模仿自然景象。例如，杭州花港观鱼的梅影坡利用大片梅林引"日"之影而成"地"之景，借梅花的水影、月影、微风来体现时空的美感，表达"疏影横斜水清浅，暗香浮动月黄昏"的意境。

（4）对自然时节的模仿。自然物的存在都有一定的规律。山有高低起伏，水有流速流向，一年有四季的更替，这一切都是遵循自然规律的。利用植物的花开花落、不同色彩来模仿四季的交替规律，是植物景观的构景手法之一。例如，上海延中绿地的四季园分别以每季的典型植物作为主景，按照春、夏、秋、冬排列组合，互相渗透。春园为椭圆形的休息空地，周边布置白玉兰、含笑、垂丝海棠、丁香、樱花、桃花、杜鹃、红花檵木等春花植物，并以刚竹作为视觉焦点，翠竹象征绿意盎然，其一草一木的姿态蕴蓄着刚与柔，芳香植物为丁香、白玉兰和含笑；夏园在弧形的道边间种合欢、紫薇、广玉兰、八仙花、栀子、六月雪，构成夏天景观，芳香植物为广玉兰和栀子；秋园是一个矩形图案的广场，中心的植物配置是一株大榉树，秋景植物有银杏、榉树、无患子、栾树、桂花、青枫、红枫等，芳香植物为桂花；冬园也不寂寞，有白皮松、五针松、粗榧、蜡梅、山茶、火棘、南天竹等，芳香植物为蜡梅。

2. 象征的表达

植物景观设计艺术属性方面的表现是象征性的。这种象征的积极意义是在朦胧的象征语言中使人潜移默化地走向精神审美。形式的视觉特征的表现力往往受审美主体的情感状况和想象力的影响，显得模糊而宽泛，难以用明确的概念语言去限定这种隐喻之美。植物景观形式蕴含的人类情感和深层意义正是以象征的手法朦胧地表现出来的。

象征在本质上是通过形式与心理的某种对应使植物景观的形式与人之间的联系不仅停留在形式美感上而深化为文化的对应。在后工业社会回归人性的大潮流下，景观在技术基础上升华出诗意的浪漫主义象征形式，抚慰了城市生活中人们孤寂、焦虑的心灵。

植物景观仅靠理性是缺乏感染力的，或者说缺乏更深、更广的审美境界。设计师在满足了使用功能之后，重视隐喻的象征主义，表达内在精神。许多设计师为了体现自然理想或场所的地域特色，在设计中通过文化、形态或空间的隐喻创造有意义的内容和形式，赋予景观意义，使之便于理解。

古代运用象征手法的植物景观多以寓意历史典故、神话传说为主。随着时代的发展，在当今信息社会，运用象征手法的植物景观主要以人为本。象征要求暗示多于解释，含蓄多于坦白，审美认识上有主观化的倾向，这正适合当今时代大众文化多元化表现的需要。审美主体对植物景观的解读在很大程度取决于其主观的经历与经验，而象征的含义是广泛而朦胧的，它给予人们多种理解的可能，这明显有别于现代主义景观的功能表达主义。植物景观的象征性表达是非常符合当今社会思潮个性化、多元化倾向的。

植物景观的象征手法在新时期有两种发展趋势。一是设计师在运用象征手法时，象征物不再是非常具体的物质，而可能是物体的片段、自然的背景、时间的流逝。象征物甚至可以是一种非物质的文化、信息的映像，或是表现物质社会飞速发展所蕴含的动态、转瞬即逝的信息。设计师不一定要表达某种具体的象征意义，然而观者都乐于赋予植物景观各种梦幻的象征。二是设计师在运用象征手法进行景观设计时，比以前更大胆、激进，使建筑具有比以前更具象的象征性。

象征的手法是对事物特征中最精华的部分进行提炼加工，利用植物景观来表达艺术内涵，可以使较为深奥、复杂的事物变得更加形象生动，易于人们理解。在城市绿地中，我们经常可以看到一些运用植物的平面构图构成的各种各样的符号或片断，它们都是将植物材料经过抽象的手法处理后，形成"只言片语"来表达不同的主题。由于象征手法不直接表达寓意内容，所以有些作品只有在设计师做一些必要的解释之后，才能被人们所理解。

（二）放弃了统一的、绝对美的标准（美与丑的表达）

由于传统西方艺术采用模仿、写实的手法反映客观对象，所以观众在欣赏这些作品时，总以自然对象作为参考来比较、认识和理解作品，由此形成了西方统一的、绝对美的标准，强调真实和优美。这种艺术标准在人们的头脑中影响极其深远。客观真实固然感人，心灵的真实可能更具有振聋发聩的力量。优美固然使人流连忘返，丑陋同样可以使人终生难忘，回味无穷。正是由于丑的介入，艺术的空间和视野才被大大拓展，艺术倾向不再是一元的、单向度的、唯美的。

在园林设计领域，大地艺术家史密森很关注那些被抛弃的、创伤般的后工业景观，相信景观艺术是康复大地的一种有效途径，为现代景观将后工业景观纳入专业范围做出了贡献。

（三）艺术的价值在于发现和创造（模仿与创造的表达）

现代艺术产生以后，艺术观念极大地拓展，人们不再局限于技巧和模仿、写实，而在艺术观念、艺术表现手段、艺术语言等各个领域中探索、创造。人们意识到艺术中最有价值的东西不是技巧和内容，而是不断地发现和创新。许多现代艺术家抛弃了传统艺术技巧、绘画方法和工具材料，大胆地开拓新的媒介领域，采用新的表现手段，甚至完全突破传统绘画和雕塑的观念，使现代艺术以纷繁复杂的面貌出现在大众面前。

现代艺术以发现和创新为艺术创作的一个重要原则，对现代园林设计也有重要的影响。思想上的解放使设计师们在形式创作上有了更广阔的空间，这对现代园林形式创新的积极意义是巨大的。标新立异已经成为许多现代设计师的一个设计出发点。

在现代园林景观设计中，传统的园林语言被赋予了新的内涵。比如，在地形方面，传统园林中普遍将其看作营造环境的一个重要手段，而在现代园林中，地形成了园林设计师的一个重要艺术语言和艺术符号，哈格里夫斯就一再运用不同的圆丘状和锥状地形，使之成为自己作品中的一个焦点。设计师创造的优秀现代园林具有明显的可识别性和观赏性，并得到艺术界的认同。

（四）艺术走向过程（过程与结果的表达）

在现代工业社会中，生产力得到迅速发展，人们的生活节奏加快，各种新观念、新风尚、新产品在人们的生活中不断涌现，又迅速消失，这一切体现了短暂、新奇和多样化，已成为现代社会的一个主要特点。短暂、新奇又总是同过程密切相关，因为过程意味着向未知领域的探索，意味着新的发现。现代艺术家更注重艺术创作的过程及自己得到的感受和体验，而把结果视为次要的东西，这实际就是所谓的艺术走向过程，这是现代社会的产物。第二次世界大战以后，流行于美国的抽象表现主义艺术、行动绘画、观念艺术、极简主义艺术等都是强调过程的艺术。

在园林景观设计中，过程的具体表现是动态的园林观。生态的逐步恢复的过程是设计的一个主要内容，从而使园林表现出与以往园林截然不同的内涵。艺术走向过程，使人们不再将作品的终端形式作为关注的重点，作品的过程是人们接触的一个环节。植物元素是具有生命的，它的生长过程也是景观的一部分。

（五）艺术走向生活（生活与理想的表达）

在传统的社会中，艺术与生活属于不同的范畴。艺术是我们这个有缺陷的世界放射出来的理想之光，具有非功利的特点，属于精神范畴，生活则是人们的现实存在，属于物质的范畴。千百年来，人们早已接受了这种精神和物质分离的事实。20世纪下半叶，艺术是生活本身的观点在西方现代艺术中占相当大的优势。这样，精神的享受和物质的劳动就结合起来，生活本身也就成为艺术。人在生活中得到许多新的感受，并把这些感受转变为个人的创造，人人都是艺术家，人人都能进行艺术创作。当然，这里所说的艺术创作与传统的模仿写实、有专门技巧的艺术创作不同，现代艺术观念认为，艺术的价值在于不断地发现和创造，在这一点上普通人与艺术家之间并没有天然的鸿沟，人人都可以成为艺术家，这是社会进步的必然。波普艺术的出现，是这种观念的典型佐证。

二、现代艺术与植物景观设计

（一）抽象派艺术与现代园林景观设计

抽象派艺术强调抽象和简化，强调直线和几何图形在艺术形象中的重要性，追求纯洁性、必然性和规律性。蒙德里安喜欢垂直和水平的对位构图，他后期的绘画作品几乎都是正方形、矩形和直线的抽象构图。

1925年，巴黎举办了国际现代工艺美术展，这对现代园林的历史来说具有相当重要的意义。这时的园林已经完成了从私家园林向公共园林的转变，但相对于以风景园格调为主的园林形式而言，在这界展览会上，人们看到了一些具有新形式的园林，这成为现代园林形式转变的一个转折点。

建筑师古埃瑞克安设计的光与水的花园，是现代园林采用现代设计语言的一个代表。这虽然是一个几何的规则式园林，但是打破了以往的规则式传统，而是以一种现代的几何构图手法完成。园林中的要素均按三角形母题划分为更小的形状。水池周围的草地和花卉的色块不在一个平面上，以不同方向的坡角形成立体的图案。色彩以补色相间，如绿色的草地对比深红色的秋海棠，橘黄的除虫菊对比蓝色的蕾香蓟。

20年代初，设计师雷格莱思设计的泰夏德花园，如图6-9所示，运用几何形进行组合，突破了植物的传统运用。三角形、圆形、方形、锯齿线等图形构成了一个纯粹几何的有秩序的平面。泰夏德花园的意义在于，它不受传统的规则式或自然式的束缚，采用了一种当时新的动态均衡构图，这是一种不规则的几何式构图。

图6-9　泰夏德花园

第六章

现代园林中的植物景观设计

古埃瑞克安设计的位于法国南部 Hyeres 的别墅庭院同样运用了现代设计语言。在一块尖锐的三角地上，古埃瑞克安吸取了风格派特别是蒙德里安绘画的精神，充分利用地面进行构图设计，营造了一种不同于以往园林的新园林。

作为一名优秀的抽象派画家，布雷·马克斯将抽象艺术中富于流动感、有机感、自由感的平面形式与美洲丰富的植物色彩相结合，在园林中形成一种抽象图案式的景观，为现代园林的发展做出了贡献。他的自由曲线式设计语言至今仍对园林设计产生着影响。布雷·马克斯在巴西石油总部大楼的环境设计中使用了几何的设计语言，进行了平面上抽象形式的设计。混凝土边石和铺装界定形成直线或曲线的轮廓，草坪、灌木、水池和喷泉共同形成一个完整的整体。

随着抽象派艺术的影响日益扩大，抽象的手法也越来越多地被应用，成为现代园林设计艺术创作的一个重要手段。哈普林的波特兰市演讲堂前庭广场的造型是对美国西部自然地貌悬崖与台地的抽象；沃克设计的日本京都高科技中心环境中，设计语言是对日本多火山的抽象；施瓦茨设计的明尼阿波利斯联邦法院大楼前广场中的丘状形式是对当地的一种特殊地形 drumlin——一万年前冰川消退后的产物的抽象。这种完全不同于古典园林语言的现代抽象语言能够为大众所接受和喜爱，与抽象派艺术的普及和抽象观念深入人心不无关系。

（二）立体主义艺术与现代园林设计

1925 年，在巴黎举办的工艺美术展为费拉兄弟和古埃瑞克安展示他们的新理念提供了一个平台，这些设计师受毕加索和巴拉克的立体主义影响，特别是受立体主义在绘画中的多面体表达方式对空间设计的影响。他们的设计运用了多面体的形式、角状的平面和雕塑元素。这种设计有着锐利的线形和清晰的结构，与植物所展示的自由形式有所区别，但迎合了建筑学中瑙勒斯园林的现代主义理论。保罗·费拉很像一个艺术家，他将园林设计与现代艺术结合起来，注重与立体主义的联系。其中，最具代表性的是位于巴黎的瑙勒斯园林，几何形花坛使人们从临近饭店的每一层楼都能够欣赏到它的美丽。古埃瑞克安也参与了瑙勒斯园林的设计，他设计的焦点部分位于东部的一个角落，被看作早期现代主义的一个杰作，是一个立体主义的园林。他采用了别墅建筑对线的强调手法，用一种三角形的母体进行表达，其中混合了彩色马赛克、白粉墙、镜面水体和多彩的郁金香，让它们像漂浮在建筑物的平台上。

（三）超现实主义艺术与现代园林设计

诞生于 20 世纪 30 年代的超现实主义艺术中有各种流畅的生物形态被运用到

园林设计中。超现实主义艺术家让·阿普和米罗作品中大量的有机形体，如卵形、肾形、飞镖形、阿米巴曲线，给了当时的设计师新的语汇。肾形泳池一时成为美国"加州花园"的一个特征。在丘奇和布雷·马克斯的园林设计平面图中，乔木、灌木都演变成扭动的阿米巴曲线。杰里科运用的潜意识手段也成为园林设计中一种常用的手法，超现实主义对潜意识的运用成为人们解放思想、自由创作的一个重要支撑点，给了许多设计师自由发挥的勇气。

现代艺术中的超现实主义流派运用潜意识进行艺术创作，表达自我心灵的真实感受，在设计领域积累了丰富的成果。现代建筑、现代园林中，有许多设计师借鉴行动绘画的创作方式进行方案的构思，表现出现代艺术具有的开拓性价值。

阿姆斯特丹卡拉斯科广场（图6-10）是由西8景观设计与城市规划事务所设计的，设计师以柏油路面、路面上白色的圆点阵列和草地为元素，在地面上设计了一个二维的超现实主义的画面。通过奇异的图案和声、光的结合，使这个空间具有超现实主义的神秘气氛。

图6-10　阿姆斯特丹卡拉斯科广场

（四）大地艺术与现代园林设计

大地艺术有几个很突出的特点：首先，主要表现在对自然因素的关注，以自然因素为创作的首要选择方向，艺术品不再放置在景观环境中，大地本身已经成为艺术或艺术的组成部分；其次，大地艺术还力图远离人类文明，改变过去艺术品被收藏的具有商业气息的方式，作品多选择在峡谷和沙漠，或形成一种只能在空中观看的人类染指自然的记录，人们对这种艺术的了解主要是通过图片展览和录像的方式，这种艺术能够彰显降质环境（沙漠化、工业废弃地等），表现出一种独特的批判现实的姿态。大地艺术改变着人们的生态观念和自然观念，其触角深入到风景园林专业涉及的领域，对西方现代风景园林设计产生了重要的影响。

例如，史密森的代表作品是"螺旋形防波堤"。他的很多探索对后人具有积极的意义。他注重将生态进程作为艺术创作的源泉，对"自然是美好的，人类的艺术应该以这样的认识来反映自然"的观点表示质疑，认为应该用动态的眼光来看待自然和"如画似的景观"。在对待自然的观念上，他认为，从辩证的角度来看，自然是与任何形态模型不相关的。史密森倡导用一种动态的眼光来看待园林景观。

在美国，彼德·沃克和玛莎·施瓦茨代表了以概念为理念基础的设计流派。他们都深受 20 世纪大地艺术的影响，成熟于 20 世纪的大地艺术代表了对史前所创作的土丘和遗迹的回归。就这一点来说，他们的作品有很多共同之处。史密森的"螺旋形防波堤"对他们产生了特殊的影响。

凯瑟琳·古斯塔夫森用一种精神化的语境控制了她的作品中地形的形式和随地形而设计的雕塑元素。其作品也有对大地艺术的回应。所以，很难区分她作品中艺术与设计的界限。同时，她还有时装设计的背景，这使她的地形塑造给人以流畅的感觉。在她的位于法国特勒斯·拉·维勒迪约的私家园林中，她用一种镀金的铝条带在林中环绕，条带像漂浮在斑驳的树冠中，她强调了阳光的存在，创造出一种幽深的感觉。

在哈格里夫斯完成的加利福尼亚州纳帕山谷中匝普别墅的景观设计中，（哈格里夫斯以 5 层的塔楼建筑为中心，呈同心圆状种植了两种高矮和颜色不同的多年生乡土草种，圆圈逐渐展开成蛇状，一直到入口的转角处。从空中看，两种草形成螺旋和蛇纹的地毯，随地形起伏，如同大地上的一幅抽象图画，让人回味无穷。他的设计将布雷·马科斯应用不同高度和不同纹理的草坪手法又向前推进了一步。

这些从大地艺术中借鉴的语言符号被创造性地运用，形成了一种诗意的、雕塑般的现代植物景观。在哈格里夫斯看来，地形的处理是塑造空间、标示场地、展现场地的自然特色。他对地形塑造的坡度、土壤类型、土层厚度、草坪种类选择、草坪修剪等技术都有自己独特的处理手法。

大地艺术对人们的现代生态观念和自然观念的树立具有积极的意义，史密森所进行的理论和实践探索，尤其是许多涉及风景园林方面的内容，对风景园林设计有很大的影响。风景园林师哈格里夫斯从史密森的艺术作品完成的环和开放的螺旋中得到启发，他在实践中多次进行尝试和运用，在烛台角文化公园中营造一个平缓的坡地缓缓地伸向水面，风吹来时，它就像一个迎接风的通道，风的因素成为这个公园的一个主题，创造出一种使环境自我表达的景观。在对待自然的观念上，哈格里夫斯创造的大地、风和水相互交融的"环境剧场"运用一种雕塑地形的手段，形成一种看起来并不是"自然"的"自然景观"，这与史密森的"自然是与任何形态模型不相关的"的观念是完全吻合的。

　　大地艺术对工业废弃地的重视影响到风景园林师对这个问题的认识和处理手法。史密森所认为的大地艺术最好的场所是那些因工业化和人类其他活动而严重降质的场地，这些场地可以被艺术化地再利用，为风景园林师解决工业废弃地的处理问题提供了很好的借鉴。史密森之后的风景园林师们正是怀着一种艺术创作的愉快感，保留了那些废弃的厂房、机器，创作出具有时代特点的新园林景观。例如，美国西雅图气体工厂公园、德国鲁尔区国际建筑展埃姆舍公园中的一系列园林、杜伊斯堡公园都保留了原有工厂的设备，并进行了再利用和艺术再创造。在对待工业废弃地这个问题上，哈格里夫斯做了很多探索，他以将后工业景观转变成优质景观而著称，前后完成拜斯比公园、克理斯场公园、路易斯维尔水滨公园等，多项包含工业废弃地改造内容的工程。在他的拜斯比公园设计中，在合理地处理了埋藏在地下的垃圾的同时，他还和雕塑家合作创作了一种电线杆阵列的大地艺术景观，这些电线杆顶部是平齐的，与地形形成对比，隐喻了人工与自然的结合，从它的造型上我们可以看到德·马利亚的"闪电的原野"的造型特点。

　　大地艺术对大地的塑造为风景园林师的形式语言的丰富提供了借鉴。史密森、莫里斯都有对地形进行再塑造的作品。大地能够成为艺术的材料，这无疑激发了风景园林师的创作热情和创作灵感，尤其是大地艺术常用的几何地形塑造越来越多地出现在风景园林作品中。例如，林璎为密执安大学一个庭院设计的"波之场"中只有草坪一种植物景观，只有一种波浪形的造型。作品简单而又生动，明显具有大地艺术的特点。地形塑造也经常是深受大地艺术影响的哈格里夫斯的造景手段之一，甚至是最重要的手段。例如，他在一个花园设计参赛作品中运用一个旋转的丘状地形来切应题目"运动的地面"；在辛辛那提大学设计与艺术中心庭院环境中使用了丘陵状地形，造成纵横交错、起伏变化、神秘而奇异的效果；在肯特公园、悉尼奥林匹克公园、德顿庭园、烛台角文化公园中都使用了几何状塑造的地形，这些都与其受到大地艺术的影响密不可分。

　　大地艺术与其他现代艺术一样，一方面，从思想上潜移默化地影响着人们的社会意识、生态和自然观念；另一方面，大地艺术的造型语言为现代园林设计提供了丰富的借鉴，在思想上和实践上都为风景园林设计提供了丰富的参考资源，因此大地艺术对现代园林的发展具有重要的意义。

（五）极简主义艺术与现代园林设计

　　极简主义艺术对园林设计产生影响的例子很多，其中最有影响的作品有施瓦茨面包圈花园、沃克的特纳喷泉以及彼德·拉茨的杜伊斯堡公园金属广场等。总体来讲，极简主义艺术对风景园林设计的影响可以归纳为以下两个方面：

第一，从文化的角度来讲，作为现代艺术重要分支的极简主义艺术继承并发展了设计中简约化的格调，对直面现代社会生活、提示我们所处的世界的特色具有积极的意义。当然，这种属于意识和文化上的影响，一直潜移默化地在起作用。对植物景观的单纯形式最直接的体验就是城市中大面积草坪的出现。虽然对大草坪的出现争论纷纷，但抛开其外部因素不说，植物景观的纯净无疑给人们视觉上带来极大的震撼，也是对中国景观界以往固有的一些观念的冲击。此外，可以仅栽一种或极少几种植物，这样的植物景观应有非凡的雕塑感。它可以是孤零零的一棵树，静静地耸立在庭院中，在这里它被看作雕塑、标志。施瓦茨在联邦法院大楼前广场的设计中体现了明显的极简主义和大地艺术。沃克之所以在设计明尼阿波利斯市联邦法院大楼前广场时将极简主义艺术与风景园林设计结合在一起，不仅是因为极简主义的造型手法有能够被借鉴的地方，最重要的是极简主义艺术具有的文化内涵能够成为园林设计的一个新理念。

第二，在创作手法和艺术形式上，现代园林都从极简主义艺术中汲取了很多营养，简约化历来是艺术创作努力追求的一个境界，只不过极简主义艺术在这个问题上走在前沿，无疑有着"大旗"的作用，给人们以启示和鼓励。极简主义艺术对现代工业材料的发掘和重视使这些物品也成为现代风景园林师大胆使用的材料。极简主义艺术常用的序列化的造型手法被施瓦茨和沃克在他们的作品中发挥得淋漓尽致；极简主义艺术所追求的简约化、纯净感在哈格里夫斯、野口勇、林璎的园林作品里都有所体现。这些都明确地表明了极简主义艺术对风景园林设计产生的影响。沃克提出的"极简主义园林"是极简主义艺术影响现代园林发展和现代园林设计的最有说服力的凭证。常见的做法是用若干组植物组成图案，先将这些植物修成几何形状。黄杨和紫杉十分适于这种方式，它们以不同宽窄、高低的复杂几何形状以及绿叶之间的交相辉映产生的微妙效果，创造出引人注目的抽象作品。

对单纯形式的追求是时代审美的需求，更是人与生俱来的一种本能。完形心理学认为，人的视觉趋向于把物体看成一个简单的整体，并在组织视觉刺激时有简化对象的倾向，使之增加秩序感，易于理解。也就是说，当人们在凝视纯净的植物景观时，心理紧张度趋近于零，而心灵的幻想发挥却达到最大程度，人们享受着放松心情的愉悦。这就是为什么那些简洁朴素的形象更容易打动人的原因。当代风景园林设计师深深明白此中道理，他们懂得借用单纯的几何形式表达自己的设计理念。单纯的形式对我们来说是鲜明、实在和毫不含糊的。所以，这些形式是美的，而且是最美的形式。

例如，如今构图目标已经从追求局部的图案转变为追求整体的统一的平面构图，取代复杂的花纹图形的是方形、圆形、三角形之类的基本几何形式，它们用来开发许多新的构成方式，以几何形式的简单重复或戏剧性对比来表现植物景观，这是一种无穷无尽的构成方式。

设计师沃克在柏林索尼中心设计中，用几何化的植物种植和一些工业材料以简单、重复的形式来塑造景观，在不同的区域种植了不同的植物，如椴树、白桦、杨树等，这些都是当地的乡土树种。

（六）观念艺术与现代园林设计

观念艺术的定义是非常宽泛的，包括的范围也很广泛。它几乎同时在北美、欧洲和拉美出现，并迅速得到了传统艺术样式和艺术家的回应。同时，传统艺术家和公众逐渐接受并认可正式把照片、音乐、建筑图样式的草图和线描以及行为艺术，视作同绘画和雕塑同等的艺术样式。在此过程中，观念艺术功不可没。

现代艺术中观念比作品优先，实际上指现代艺术强调对人、场的个人的影响，比完成一个造物（作品）留给非当时、非当场的个人更有意义。所以，在观念艺术看来，现代艺术中真正显示问题的不是作品，而是作品的观念。

现代艺术的两个重量级人物杜尚和鲍依斯都被认为是观念艺术家。杜尚被认为是观念艺术的先锋，将日常现成物转换成艺术，形成了观念艺术的源头；鲍依斯以一种"社会雕塑"的观念创作了大量的装置、环境艺术、表演、行为偶发和雕塑作品。他提出"人类学"艺术概念，核心是消除所有的艺术限定。他认为，艺术就是人，人就是艺术；艺术是生活，生活就是艺术；艺术是政治，政治就是艺术；艺术是一切，一切是艺术。他宣称："人人都是艺术家，一旦他们相应的自由创造活力被激发并彰显出来，他们固有的艺术癖好就会使无论何种媒介都转变为艺术作品。"在鲍依斯眼里，艺术就是所有存在的东西、进行的活动，而不是被创作出来的。这样，整个社会就是一个活的"社会雕塑"。

现代艺术中观念比作品优先是现代艺术发展中重要的一步。在观念艺术家看来，艺术品是观念和思想的物化形态，作品本身的物化形态并不重要，重要的是被艺术形式所淹没的思想或观念，这样，艺术创作就摆脱了传统的材料和形式，使生活中的任何一个细节都有可能成为艺术创作的一个组成部分，从而实现艺术走向生活的目的。这样一种观念无论得到多少社会认可，对园林艺术创作的积极意义都是显而易见的。探求园林景观的意义正是许多设计师孜孜以求的东西，园林中的任何一个设计创作都可以凝聚设计师的思想和观念，被热爱艺术的读者所解读，正是这一点使园林的形式创作可以进入艺术的领域。哈格里夫斯的奥林匹克广场设计被称作"伟大的理念，平凡的实践"。设计师将现代艺术中富含观念的理念通过一种平凡的设计语言予以实践，给人以启迪，使人们体会到现代艺术对现代园林设计的价值和参考作用。

（七）波普艺术与现代园林设计

施瓦茨的设计在观念和手法上都和波普艺术有许多相似之处，尤其是廉价的日常现成品的使用代表了快速消费的临时性景观设计的实践，与波普艺术特点如出一辙。

面包圈花园和奈可园是施瓦茨作品中具有明显波普特点的代表。奈可园是为一所大学的节日所做的临时性景观。施瓦茨使用圈圈糖的造型作为园林景观的主角。在面包圈花园中，她选用了面包圈实体这一日常消费品作为园林景观的主角，从而创作出一种独特的临时性新景观，作品虽然早已不存在，但以照片等形式长期存在于人们的视界，产生着广泛的影响。施瓦茨还尝试运用廉价材料在低收入社区进行景观建设，这一方面源于她对社会的关注，另一方面在于她推崇现代艺术：运用最少的材料和方式产生最强烈的冲击，同时保持了理念的最大强度的能力。施瓦茨认为，传统的园林中，人们赋予技术和材料太多的重视，而缺少对作品概念方面的关注和兴趣。园林设计要进步，就必须以更开放的方式考虑材料，以增加设计语言。施瓦茨的许多作品中选择非常绚丽的色彩，接近大众，具有通俗的观赏性。

运用波普的园林设计中的波普化倾向只成为少数设计师的一种设计趣味。但是，波普化的特点被施瓦茨用来作为挑战传统的一个先锋，在园林史上具有一定的划时代意义。和大地艺术、极简主义艺术密切相关的波普艺术同样引导着人们关注社会问题，运用景观设计的手段解决社会问题，它对园林设计的积极意义是不容忽视的。

伦敦肯辛顿花园的蛇形画廊每年都会委托设计师建造临时展馆，何塞·塞尔加斯和卢西亚·卡诺是设计这个临时展馆的第一批西班牙设计师。2015 年 6 月 25 日，第 15 届伦敦蛇形画廊正式开馆，西班牙设计师塞尔加斯和卡诺共同创作的蛇形画廊是一个蝶蛹状的结构，由五彩的透明塑料制成，如图 6-11 所示。这个展馆是一系列不同形状和规模空间的连接结构，由一个不透明双壳和透明的、不同颜色的氟塑料织物构成。塑料会像彩色玻璃窗户那样过滤阳光，把五彩的光线投射到室内空间——一个中央聚集区和咖啡店。由建筑师提供的夜晚画面展示了从里面照明的景象。塑料织物放在嵌板上，条状材料编织包裹在部分结构上，就像带状织物一样。双壳建造出室内和展馆外层之间的一个走廊，游客能从边上的多个口进入。

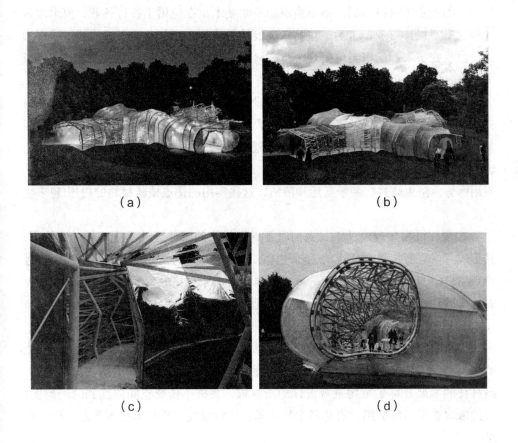

(a)　　　　　　　　　　　　　(b)

(c)　　　　　　　　　　　　　(d)

图 6-11　蛇形画廊

第四节　现代高科技下植物景观设计

技术是景观物质构成和精神构成得以实现的基础，是推动景观发展的动力，许多景观本身就是技术存在与发展的表现。与全球化时代技术发展相呼应的景观表现为创新特征，不仅体现在材料更新、结构先进、设施齐全，而且有崭新的理论和观念基础，充分展示新技术所提供的可能和蕴含的精神。然而，全球化不是同一化，它的最大意义在于通过科技使人与自然相互融合，不是回到自然状态，而是一种在轻松合适的技术框架内的和谐共存，使人类共享科技的伟大成就，拥有积极的价值观，实现社会共同进步和发展。这是一个动态的、不断向前的过程。

从社会的进步中可以看到，不可漠视的科学技术正在应用于各行各业，悄悄地进入现代景观设计行业，带动了植物景观设计领域的转变，造就了新的艺术表现形式，也改变了人们的审美价值观。将高科技手段运用于现代植物景观设计，已成为一个时代发展必不可少的趋势。

科学技术的进步使现代园林及环境设计的设计要素在表现手法上更加宽广与自由，改变了人们传统的审美观念，给人们带来了前所未有的视觉感受。新材料的运用给人们带来的不仅是崭新的、动感的外观，还有很多实际效益，从功能、价格、可行性等方面可以为设计消除越来越多的限制。此外，人造材料易于维护，不用修剪，防虫防蛀，易于搬运和清洁，这些实用的优点使新材料的应用 越来越广泛。

在现代植物景观设计中，人们时常感到传统的园林设计手法已被过度使用，其程式过于老套，植物景观的创新性无法在传统方式的植物配置中得到体现，进而走向科学和技术，以寻求新的灵感之源。因此，科技的发展提供了植物景观发展的可能性、合理性与创造性的基础。现代植物景观已经成为一个艺术、科学与技术不可分割的所在。

如果高科技影响下的现代植物景观可以为观者提供更符合其审美与更人性化的绿色空间，那么对现代植物景观设计手法的研究则是一个很值得关注的问题。高科技的发展开辟了植物景观设计的新领域，突破了传统空间向度和时间向度。现代植物景观不仅应用、表达科学与技术，还将现代科学技术的本质融入设计构思中。

一、技术观念在植物景观形态上的艺术表达

传统园林注重体现园林意境美，似乎总是有意避开技术表现的倾向。随着工业社会的发展和人们审美观念的变化，技术审美上升为社会心理，成为时代的特点，高技术在使人们的生活不断物质化的同时，在使人们生活精神化以及审美化，使现代植物景观的审美观念发生了转型和变化，植物景观的形象也有了急剧的变化，开始注重技术表现，植物景观创造的技术主义倾向日益突出。

将高技术观念作为植物景观设计手法是对技术美的肯定、对技术美学理想的表达。技术美不是将技术与美拼凑在一起的产物，而是特指它们所派生的视觉传达载体等技术对象中本来就存在的一种审美形态。技术美由人类生产劳动而产生，并为人们生产生活服务，因此技术美学特别强调审美的合目的性。

技术美学是以技术审美形态及审美规律作为主要研究对象的美学分支学科。随着生产和科学技术的发展，技术美学不断产生新的形式，高技术美学正是技术

美学在当代的新形式，即审美对象从技术发展到高技术时代的新的美学形式。与高技术概念相对应，高技术美学也是一个动态的概念。高技术美学的本质仍然是技术美学，但是高技术美学更强调技术手段的尖端性、领先性。

高技派设计师倾向于把植物景观设计成果的表达看作一种工业产品，从这个角度来看，由于产品是人类生产活动的直接成果，是人的劳动的物化，它的使用价值在于实用功能和审美功能的统一，产品美包含了技术美学范围所有的因素。技术美是与产品相互依附的，具有社会合目的性。这种合目的性即功利审美的转化。在这里，审美外观并非以实用效果为依据，而是以功利内容为背景。

实际上，高技术的构思在技术上并不总是最经济、合理的，热衷于高技术的设计师试图创造新的规律，而不是遵循现行规律，虽然他们的成就与技术工业化紧密联系在一起，但他们的创作思想还是会偏离工业化，技术运用在形式上的考虑远远大于对功能、合理性的关注。

（一）高技术观念对植物景观概念表达的拓展

高技术的艺术性表现还来源于新的设计理念突破以往的设计思想的局限，这种局限是由传统园林的空间感受和所服务的对象带来的。中国传统园林作为那个时代的产物，主要讲究的是"情之移入，意之表达"，只满足少数人的需求。而现代设计师强调技术表现是有时代意义的，并且随着审美价值的多元化，技术表现既是设计手法，也是目的。

高技术植物景观打破了以往单纯以美学角度追求植物造型表现的束缚，开始从科学技术的角度出发，通过技术性思维以及捕捉技术与植物景观造型的内在联系，寻求技术与艺术的融合，使工业技术以造型艺术的形式表现出来。

科学研究认为，自然界的基因组成只有四种，却可以形成万物。因此，寻求简易的思维方式与表达方式是对科学理念本质的体现。许多设计者受到哲学家德勒兹学说与现象学的影响，设计中强调形体的重复与差异，从而建立时间与空间的关系，使植物的形体与空间整体得到最佳的表达。进一步来讲，现代植物景观整体设计中，以其网格化对场地进行划分，不断地重复植物元素，使不断重复的简单形体秩序化，展现了一种新的植物景观设计手法。这种追求简单图案感的设计手法，也是符合现代审美取向的。设计师认为，这种形式的简洁纯净和简单重复就是现实生活的内在韵律。其植物造型手法趋向简约化、规则化。树木大多按网格种植，整齐划一，灌木修剪成绿篱，花卉追求整体的色彩和质地效果，作为整体景观设计几何构图的一部分。这种景观直截了当地表达出事物的本质，没有任何附加的东西，恰恰符合现代人的审美取向，同时保证了较高的质量和效率，反映了现代社会的快节奏。其视觉冲击力是直接的，并且有力地控制大尺度的空间，简洁有序，有时会带来意想不到的景观效果。

在许多植物景观设计中，高技术的运用不是为了反映机器时代的审美需求，设计师们把高技术作为实现自己美学观点的有力武器。这一点我们在彼得拉茨设计的杜伊斯堡风景公园和彼得沃克以及之前谈到的许多新锐设计师的作品中可以看到，高技术的表象反映出当代高科技文化背后隐藏的深层时代意义。

（二）植物景观中技术符号化的表现与应用

技术在景观设计中的运用从单纯地使用技术到现今的表现技术，好的景观作品应该是技术与艺术的结合。一个技术上完善的作品有可能在艺术上效果甚差，但是无论是古代还是现代，没有一个从美学观点上公认的杰作在技术上却不是一个优秀的作品。看来，优良的技术对一个好的景观来说不是充分条件，却是一个必要条件。

技术是人类文明的经验和实践经验的积累，在物质化的同时，也在被精神化和审美化。现代建筑大师密斯说："当技术实现了它的使命，就升华为艺术。"植物景观设计和建筑设计一样，都是从不同的侧面反映新的科学。因为科学在不断揭示自然更深层的形成规律和发现新的能源。例如，科学揭示了生命及思维皆是由简单、易懂的部分构成的。这反映在植物景观设计中，则是把植物造型不断地剥离，只剩下最基本元素，从而达到纯粹的抽象、原本的纯净。又如，科学揭示了宇宙的形成及我们在其中位置的奥秘，我们可以用植物景观的方式，以数字或符号的形式直接表达、再现这些科学现象，诠释科技的发展。查尔斯·詹克斯设计的苏格兰博德斯行政区的再现宇宙景观就是以一种新的植物景观设计语言来展现宇宙学和综合性科学的奥秘。他认为，科学的发展是不可逆转的、积累并渐进的，人类阐释宇宙的角色是值得每一流派的设计者们追求的目标。这里的景观再现了一个宇宙的故事，并不是从植物配置、宗教或历史的角度设计的，也不是从植物文化的视角设计的，而是把这些新的科学命题转化成一种视觉方程。植物景观给人的感觉是生机勃勃，是超现实的美与一种无法逃避的逻辑感联系在一起。查尔斯所尝试的设计方法是以一种令人信服的静态植物景观再现动态的科学化过程。他的创作灵感来自科学的新发现及其各种新语言，他使一种新的建筑和风景理念成为一种发现或一种发明。

景观设计既有服从客观要求的物理结构构成的技术层面的问题，又有旨在产生某种主观性质的情感美学意义——艺术层面的问题。这使景观设计处于一个非常特殊的领域。在其他艺术中，制约艺术创作的技术手段不会如此有决定性的意义。

我们从高技术应用于植物景观的发展历程中可以看到：技术手段的应用源于植物生长的要求或土壤改良的需要。但是，随着技术手段的日益完善和人们对技术精神方面的需求，一些技术手段的应用最终演化为技术符号化的表现。这一产生、发展和凝练的过程贯穿于现代植物景观之中。

我们也看到，随着科学技术日益进步和植物景观形式的不断丰富，植物景观设计方法和艺术之间的关系也就愈加密切和明确。之所以存在着人们赞赏的植物景观作品，不只是因为植物搭配合理、有意境，最重要的是无情的技术与奔放的热情紧密结合。

著名哲学家马尔库赛认为："技术将会成为艺术，而艺术也将会创造现实：想象和理性、高级和低级功能、诗意的和科学的思维之间的对立将会消失。出现一种新的现实原则，在这种原则指导下，一种新感受性和非升华的科学智能将在审美精神的创造中结合起来。"

哈格里夫斯在题为"运动的土地"的花园设计中表达了对运动的理解。这里所说的运动不是地质学意义上的运动，而是技术的处理，是通过人为因素使地面产生变化。设计的主体是一个螺旋状上升的草床和草丘，茂盛的草床呈波浪状，结合白色的多年生植物，创造了一种有秩序的种植形状。当人们上升到草丘的顶端，景观已经完全不同，通过这个运动的土地使参观者看到了不同的景观。

高技术化的植物景观具有清晰的结构、层次感与运动感的表达以及肌理的表现等。未来的植物景观设计师将会面临日趋复杂的技术问题和更多的技术和艺术结合的可能性。除了解决这些问题之外，植物景观设计师还必须发展自己的美学认识，在技术、艺术和经济的综合任务中找出它们之间的关系、它们的细节、色彩上的重点以及和谐的构图，把一个技术上正确的工程变成一个艺术上的作品。

例如，设计师在一个并不美观的伦敦购物中心外，加建了钛结构的闪亮景观艺术品，以隐藏不太美丽的建筑。在过去的建设和开发过程中，这个区域主要街道的景色并不完美，为2012年伦敦奥运会设计的斯特拉特福德景观成为这个广场最大的亮点。景观长250米，以一种类似树的构造组合而成，"树干"部分是钢制的，巨大的"树叶"是由钛结构制成的。巨大的树叶状金属板经过了阳极化处理，能发出绿色和黄色的光泽，每一片都安装了旋转轴，使每片叶子都可以随风摆动。整个景观既突出了广场入口处，装点了这片开放区域，又遮挡了并不美观的建筑，如图 6-12 所示。

图6-12　斯特拉特福德景观

二、技术手段在植物景观形态中的艺术创造

　　植物景观是技术和艺术的综合体。科技的发展在植物景观中扮演了催化的角色，由于植物复杂的生长周期及丰富多样的物种，在设计手法上是需要更多的"技术的关爱"的，植物景观承载的地域文化内涵又使其形式充满有别于其他景观类型的艺术性。因此，在技术中弥漫着艺术气息就成为当代植物景观独有的气质，并形成一种全新的植物景观设计理念。

　　新的技术手段不仅反映在景观中组成空间的材料、制作和工艺的高技术上，也包括设计方法的高科技，采用计算机辅助设计，在电脑中模拟环境，借助飞机、卫星遥感预测景观等，这些都将景观设计师带入更宽广的领域。

（一）以高科技手段创造现代植物景观

　　科技的发展深深影响着设计的条件与方法。植物景观设计必须在技术进步的过程中实现对技术的艺术性理解，强调技术对启发设计构思创意的重要作用，将技术升华为艺术，创造一种不拘形式、使用者与科技互动的绿色景观。

　　例如，尼亚加拉瀑布冬园是为了保证旅游淡季尤其是漫长的冬季吸引更多的游客而兴建的温室，其室内外景观环境设计是由保罗·弗里德博格负责的。温室内部被一条砖石通道分成南北两部分，通道两侧设有座椅，人们可以坐在长椅上观赏、休息。座椅紧挨着的绿色植物墙在空间上起了软性隔离作用。温室内西北角是一个"旱园"，砂土覆盖的地面使人联想到沙漠景观，植物大都选用热带的泽米属、仙人掌属和石莲花属植物。景观园内东南角是岩石园，水从岩石堆上涓涓落入水池，沿岸多植有枝干矮小的高山植被。园内的其他部分则是亚热带和热带植物的展示。

新技术尽管致力于理性的思维，但更重要的是试图唤起人们的情感和欲望，负载着更多的精神因素，新技术的表现手法常带有明显的感观刺激。技术在更高的层次上与情感的抒发融为一体，并从技术审美的角度影响植物景观设计。当然，植物景观的生态价值依然举足轻重，但人们似乎越来越注重植物景观的外在和细节，而且这些因素常表现为植物景观的特色。

（二）利用现代技术材料创建新型植物景观

在现代景观设计中，最引人注目并且容易理解的就是以现代面貌出现的设计要素。现代社会给予设计师的材料与技术手段比以往任何时期都要多，现代景观设计师具备了超越传统材料限制的条件，可以较自由地应用光影、色彩、声音、质感等形式要素与地形、水体、植物、建筑等形体要素创造园林与环境，达到传统材料无法达到的效果。用现代技术材料代替植物景观元素建构植物景观，或将高技术材料应用到植物景观设计中，表达的仍然是植物景观。例如，用多彩的人造草坪代替真实的草坪，用塑料制品代替活的植物，不仅能创造动人的植物景观效果，还几乎不需要园丁的辛苦劳作，一些轻质材料和产品方便搬移、易清洗，非常适合临时的和经常需要变化的景观。新材料和新技术的许多审美上和实际上的优点使之成为现代景观的重要组成部分。

现代景观设计充分认可现代生活方式，热衷于使用新材料、新技术来表达其独特的理念，体现场所的本质，而不是简单地模仿自然，与其说是伪造的，还不如直接承认是"人造"的。前卫设计师玛莎·舒沃茨设计的拼合园就是一个完全用人工材料将两种截然不同的园林原型通过重组拼合出的一个新型园林。

新材料不但不会破坏景观，反而是植物的一个有机补充，用高新技术材料代替砖、石、木材，这给景观一种视觉动感。例如，镜子般的表面能给色彩和图案增添一种特殊的效果。传统材料代表的是朴实的审美观，而植物景观里使用的新材料反映的是现代技术的世界。

（三）计算机技术在植物景观设计中的应用

经过 20 世纪 70 年代的信息技术革命以后，新技术在风景园林领域中的运用越来越广泛。科学的力量使风景园林师们得到更精确的分析，拥有更高的工作效率，能创造更新颖的艺术表现手段。显而易见，以 CAD 系统、地理信息系统以及所有其他科技工具为代表的新科技和新媒介对风景园林业的成熟和发展起了巨大的作用。

20 世纪 70 年代，风景园林设计师们发现设计过程可以像生产产品一样进行精确的策划。在那时，计算机还是新兴事物，1972 年，EDAW 联合事务所为加利福尼亚的一家公益公司所做的输电线路定位研究获得优秀奖，评委认为，"他们使用计算机使对整个过程进行简便而精确的分析成为可能，这比我们以前在这个领域所见的都更科学有效"。1978 年，ASLA 第一次颁发"研究和分析"奖项时，很多获奖项目中的风景园林师们都已开始运用计算机进行环境分析。那时支持研究和分析项目的客户多为联邦政府机构。但 1981 年，随着管理机构改革，由联邦政府支持（或授权）的环境规划、分析及研究衰落了。1984 年，评委卡尔·约翰逊评论规划和分析类奖项时指出："现在对研究和分析的关注状况与十年前对艺术的关注状况差不多。在这些奖项候选者中，几乎没有体现高科技的。我们有使用计算机的能力，但应用仍然很少。"20 世纪 80 年代后期，风景园林师具备了使用更复杂、科技含量更高的设备的能力。计算机也已经成为普通的工具，它不仅应用到规划、分析和研究中，还广泛应用到风景园林设计、信息系统、办公管理和金融策划等各个领域。

一系列计算方法的建立结束了以经验和直观为决断基础的经验主义时代，把设计和实现这些设计的技术手段的可能性扩大到先前无法想象的范围，使用电脑进行计算和绘图、在互联网上传递需要的数据已经被设计者接受。现代景观设计要创造三维空间的环境体验，制作出仿真的景观图，用于推敲设计，更加准确地反映设计意图。

布克与奥恩斯坦认为，并不是说计算机、CAD 系统、地理信息系统以及所有其他科技工具本身值得怀疑，他们不否认工具的合理利用能对维护地球这个生物有机系统有所帮助，但他们同时强调了人类其他能力的重要性。语言是风景园林设计师一直非常擅长的。许多风景园林师能够用生动准确的语言赋予景观丰富的含义。风景园林设计师如果没有熟练的阅读、写作、谈话及绘画技巧，就会变成技术和设备的简单操纵者。这些能力的具备会使他们能够分析和表达出环境中急切需要的景象。令布克与奥恩斯坦感到高兴的是，20 世纪 80 年代末 90 年代初，风景园林师们恢复了对多方面能力的追求，整个行业对新科技、新媒介的不断更新渐渐习以为常。

（四）植物栽培技术

先进的植物栽培技术同样会给景观设计师带来新的灵感和创造能力。目前的植物栽培技术除了使栽培植物的品种丰富外，更加强调从生态的角度出发，采用群落栽培的概念，将多种植物作为一个整体来考虑，利用不同植物之间的相互影响，产生更好的景观效果。

1994 年，西 8 景观设计与城市规划事务所被委托策划一个机场绿化方案，其和当地的林业机构合作进行了生态方面的研究，确定桦树最适合在这里生长，于是决定在每个植树季节里都在这里种植 125 000 株桦树。哪里有空间，就在哪里种，植物逐渐成了森林，占据了所有的空地和废弃地，延伸了大约 2 000 公顷。在树下还种了红花草，红花草可以固氮，作为有机肥料供给树的生长需要。此外，还安装了一些蜂箱，蜜蜂能够传播红花草的种子。建立了一个小生态圈，桦树形成一个绿色的质地，成为基础设施、候机楼、车库和货仓之间的绿色面纱，还在建筑的入口处放置花钵，种植色彩鲜艳的时令花卉。这个项目体现的是这样一种设计观念：景观不是短期建设就能完成的，应该运用生态的技术，将景观的营造视为一个长期的过程。无土栽培技术让植物的栽植与培育不受场地的限制，有的设计师利用这一技术制作了"移动庭院"。可移动的蔬菜花园采取的是一种盆栽思想，而且应用了园艺技术。可移动庭院中种植的主要是可食用的作物，许多蔬菜可作为装饰品，又可作为食物，经济实惠，并且易于维护。其中，一些药用植物还可散发迷人香味。此外，无土栽培技术还有许多优点，由于作物生长离开地面，可以使植物免受地面害虫的危害，也不存在土壤疾病。

（五）土壤改良技术在植物景观中的应用

与建筑设计一样，植物景观设计也是在不断解决技术问题中逐渐发展的。

在许多工业弃置地的景观设计中，土壤改良技术成为改善环境质量、完成设计师想法的关键。例如，1970 年，景观设计师哈克受委托在美国西雅图煤气厂的旧址上建设新的公园。顺理成章的做法是将原有的工厂设备全部拆除，把受污染的泥土挖去，并运来干净的土壤，种上树林、草地，建成如画的自然式公园，但这将花费巨大。哈克决定尊重基地现有的东西，从已有的出发来设计公园，而不是把它从记忆中彻底抹去。工业设备经过有选择的删减，剩下的成为巨大的雕塑和工业考古的遗迹而存在。东部一些机器被刷上了红、黄、蓝、紫等鲜艳的颜色，有的覆盖在简单的坡屋顶之下，成为游戏室内的器械。这些工业设施和厂房被改建成用于餐饮、休息、儿童游戏的公园设施，原先被大多数人认为丑陋的工厂保持了其历史、美学和实用价值。工业废弃物作为公园的一部分被利用，能有效地减少建造成本，实现了资源的再利用。此外，对被污染的土壤处理是整个设计的关键所在，表层污染严重的土壤虽被清除，但深层的石油精和二甲苯的污染却很难除去。哈克建议通过分析土壤中的污染物，引进能消化石油的酵素和其他有机物质，通过生物和化学的作用逐渐清除污染。于是土壤中添加了下水道中沉淀的淤泥、草坪修剪下来的草末和其他可以做肥料的废物，它们最重要的作用是促进泥土里的细菌消化半个多世纪积累的化学污染物。

工业污染物进入土壤系统后，常因土壤的自净作用而使污染物在数量和形态上发生变化，使毒性降低甚至消除。但是，相当一部分种类的污染物，如重金属、固体废弃物等，其毒害很难被土壤自净能力所消除，因而在土壤中不断地积累，最后造成土壤污染。目前，治理土壤里金属污染的途径主要有两种：一种途径是改变重金属在土壤中的存在形态，使其固定下来，以此来降低它在环境中的迁移性和生物可利用性；另一种是将土壤中的重金属通过各种方式去除掉：①微生物法，利用产生的一些酶类可以将某些重金属还原，利用菌肥或微生物活化药剂，可以改善土壤和作物的生长营养条件，能迅速熟化土壤、固定空气中的氮素、参与养分的转化、促进作物对养分的吸收、分泌激素刺激作物根系发育、抑制有害微生物的活动等；②植物法，利用可以大量吸收重金属元素并保存在体内，同时仍能正常生长的植物去除重金属，利用绿肥改良复垦土壤，增加土壤有机质和氮、磷、钾等多种营养成分为最有效方法之一；③施肥法，通过使用腐殖酸类肥料和其他有机肥料增加土壤中腐殖质含量，使土壤对重金属的吸持能力增强，改良土壤结构和理化性状，提高土壤肥力；④添加剂法，土壤中加入适当的黏合剂、土壤改良剂，能在一定程度上消除一定量的重金属；⑤排土法，在重金属污染严重的地方，可采用剥去表层污染土，利用下层未污染土用于作物种植的排土法，在污染较重区域还可采用移入客土，使农地生态功能恢复的客土法。

第五节　现代植物景观生态设计发展趋势

环境恶化与资源短缺的严峻现实使植物景观设计与生态科学变得密不可分。生态设计已经成为现代景观发展的必然趋势，生态与可持续性原则逐渐成为景观设计所必须遵循的准则。

我国许多学者认为，中国的园林属于自然式园林，所以在进行植物景观设计时候能够自觉地运用生态学的原理。

要在这里提出质疑的是，这种对自然中生态群落模仿的应用范围应该有多广？是不是在多种绿地类型都适合？还是仅适用于风景区或公园？全国的植物群落类型确实十分丰富，但是具体到某一个城市，如北京，在城市里面可以用于造景的群落类型有多少？在这些原则的指引下，有没有可能造成设计师对生态学原理的曲解和误用？

自然是人类生存和发展的源泉，在人类社会发展中，由于人类对自然的认识不足，对自然生态环境造成了巨大破坏。在现代植物景观建设中，要正确处理人工与自然要素之间的关系，进行有效合理的土地利用规划，保护自然生态环境。

城市的发展必然会对自然生态环境或多或少地造成破坏，如何保护和改善城市的自然生态环境，成为设计成败的关键。居住区环境是城市人工复合生态系统的一部分，在居住区环境景观构建中，要基于人与自然的关系，贯彻生态原则，按照生态美学要求，对居住环境中各景观元素进行空间、体形、环境等方面的设计，为居民营造一个良好的居住环境，满足居民渴望回归自然的精神需求。

一、生态伦理与植物观赏

在探讨植物观赏中的生态伦理观点和普遍意义之前，先来回顾一下国内对观赏植物基于传统的认知和设计理念。可以看出，传统理念中对植物观赏特性的关注带有一些明显的倾向性并沿承下来影响着今天的设计工作。这些倾向性的一个典型特点就是对色彩、花型、花量、气味、花期、花格等方面的考察中浸润了深厚的民族文化主流意识，影响了国内数十年来的园林建设，也影响了苗木花卉的生产。

生态伦理学认为，所有的物种都有其特殊的存在意义。所谓植物观赏的普遍意义，是指人们应该尽量不带个人偏见地去观察植物，发现每一种植物特有的美，而不应该掺杂个人好恶以及一些与植物观赏特性无关的因素。

人们目前所关注的植物观赏价值更多来自前人和社会已经达成的经验共识，并且拘泥于这些共识，而事实上对植物的观赏应是过程的、交流的、自经验的。每个人作为独立意识个体，都有自己对价值的把握和认定。自然哲学观承认植物的观赏价值。应当说造物主给予人们的一切都是美的，植物景观不论经济条件的优劣，都应该是民众享受自然的一种基本生活境界。

全球性的环境恶化与资源短缺使人类认识到了对大自然掠夺式的开发与滥用所造成的后果，应运而生的生态与可持续发展思想给社会、经济及文化带来了新的发展思路，环境规划设计行业开始不断地吸纳环境生态观念。以土地规划、设计与管理为目的的园林行业在这一方面并不比其他环境设计行业落后。早在1969年，美国宾夕法尼亚大学园林学教授麦克·哈格就写出了一本引起整个环境设计界瞩目的经典之作《设计结合自然》，提出了综合性生态规划思想。麦克·哈格在该书中提出了科学量化的生态学工作方法，他将注意力集中在大尺度的景观规划上，把整个景观作为一个生态系统，在这个系统中，地理学、地形学、地下水层、土地利用、气候、植物、野生动物都是重要的因素。他运用了地图叠加的技术，把对各个要素的单独分析综合成整个景观规划的依据。这种将多学科知识应用于解决规划实践问题的生态决定论方法对西方园林产生了深远的影响，如保护表土层、不在容易造成土壤侵蚀的陡坡地段建设、保护有生态意义的低湿地与水系、按当地群落进行种植设计、多用乡土树种等一些基本的生态观点与知识现已广为普通设计师所理解、掌握并运用。

受麦克·哈格的生态主义思想的影响，西方出现了一些后工业景观的设计，这些对废弃地的更新和对废弃材料的再利用的设计被越来越多的人所接受，这类设计以生态主义原则为指导，不但在环境上产生了积极的效益，而且对城市的发展起到了重要的作用。

二、生态技术的应用

设计界还有一小部分设计师在生态与植物景观设计结合方面做了更深入的工作，他们可以称得上是真正的生态设计者。他们在设计过程中会运用各类生态技术来达到解决环境问题的目的。不仅是在设计过程中结合或应用一些零星的生态知识或只有生态意义的工程技术措施，还在整个设计过程中贯彻一种生态与可持续园林的设计思想。与大多数传统设计仅采用从某一专业角度来讲合理的解决方法相比，这种设计既不是那种对场地产生最小影响与损坏的所谓"好设计"，也不是简单的自然或绿化种植，而是促进维持自然系统必需的基本生态过程来恢复场地自然性的一种整体主义方法。

加州工业大学再生生态研究中心、安乔波冈事务所和琼斯事务所是其中具有代表性的设计团体。例如，加州工业大学教授莱尔于1985年发表了《人类生态系统设计》一书，阐明了能量的可持续利用和物质循环设计思想。他还组建了再生研究中心，并且主持了该中心的生态村落的规划设计工程。该生态村的建设完全按照自给自足、能量与物质循环使用的基本原则，充分利用太阳能与废弃的土地、废物回收及再利用等，希望创造一种低能耗、无污染、不会削弱自然过程完整性的生活空间。

佐佐木事务所在查尔斯顿水滨公园设计过程中保留并扩大了公园沿河一侧的河滩用地，以保护具有生态意义的沼泽地。

彼得·拉茨设计的杜伊斯堡风景公园着重遵循和利用了生态原则，将原工厂中的废物加工用作植物生长基质或建筑材料，并将排入河道的地表污水就地净化。在生态与环境思想的引导下，园林中的一些工程技术措施，如为减小径流峰值的场地雨水滞蓄手段、为两栖生物考虑的自然多样化驳岸工程措施、污水的自然或生物净化技术、土壤的净化改良技术、为地下水回灌的"生态铺地"等，均带有明显的生态成分，这些工程技术、生态技术为设计的成功奠定了基础。

四川成都的府南河活水公园是我国第一座以水为主题的城市生态景观公园。府南河与成都人民的生活息息相关，密不可分。随着人口的增长、城市经济的发展，府南河的污染问题日益严重，逐渐受到了人们的关注。

活水公园的创意者、美国"水的保护者"组织的创始人贝西·达蒙女士，同其他设计者一起，吸收了中国传统的美学思想，取鱼水难分的象征意义，将鱼型剖面图融入公园的总体造型，喻示人类、水与自然的依存关系。公园起始的鱼嘴部分拆除部分河岸堡坎，用石材砌筑台阶式浅滩，栽种大量的天竺葵、桢楠、黑壳楠、桫椤、连香、含笑等植物，乔木、灌木、草本植物等的配置参照峨眉山自然植物群落。鱼鳞状的人造湿地系统是一组水生植物塘净化工艺设计，错落有致地种植了芦苇、凤眼莲、水烛、浮萍等水生植物，有利于吸收、过滤或降解水中的污染物。蜿蜒的塘边小道，塘中木板桥，营造出了九寨沟黄龙风景区的意境。经过湿地植物初步净化的河水，接着流向由多个鱼塘和一段竹林小溪组成的"鱼腹"，在那里通过鱼类的取食（浮游动植物）、沙子和砾石的过滤（鱼类的排泄物），最后流向公园末端的鱼尾区。至此，原来被上游污染和城市生活污水污染的河水经过多种净化过程，重新流入府河。

活水公园充分运用了现代水处理技术、生态技术和种植技术，通过具有地方性景观特色的净水处理中心、川西自然植物群落的模拟重建以及地方特色的园林景观建筑设计组成全园整体。

瓜达鲁普河公园是一条长约4.8千米，蜿蜒于圣合塞市中心区域的滨河绿带。这项工程不但解决了洪水对河岸的侵蚀，而且能够为当地居民提供可亲近的自然场所。哈格里夫斯用设计证明了洪水控制与城市绿地及植物景观能够很好地结合在一起。设计中应用了计算机模型以分析洪水的潜在威胁。在下河的河岸上，哈格里夫斯创造了波浪起伏的地形，塑造了具有西部河流特征的编织状地貌。各块小地形的尖端部分指向上游，以符合水力学原理。植物在设计和选择上都要能够经受得住河水的侵蚀。

三、走向有机化

不同地域的自然植被与地域文化相互依存，展现出了各自缤纷的植物景观特色。但是，经典的地域植物景观在深层中都蕴含着相同的共性。有机植物景观的提出，就是设计师试图发掘不同地方植物景观的共性，进而探讨植物景观的形态与生态的完美结合。

"有机"在建筑中的应用较著名的是现代主义建筑大师赖特提出的"有机建

筑"。他在自己的著作中概述了"有机建筑"的主要特征：通过建筑平面的组合及强调建筑形体沿地面水平伸展来达到建筑物与场地的紧密连接，摆脱立方体建筑结构的约束，强调空间的自由流动。

中国古典园林设计注重"师法自然"，认为植物景观设计应该借鉴自然中的植物群落结构，考虑植物的生长习性，保持绿化物种的多样性。在进行绿化设计时，设计师应将乔木、灌木、草类相结合，组成复合结构。

植物景观的有机化发展要早于建筑设计，这并不是少数人的认识，但使之成为景观设计公认的标注可能还需要一些时日。植物景观设计走向有机化，将会使人们对自然环境的态度发生根本性的转变。它代表了一种新的认识：我们不能继续以傲慢的态度对待自然，而是要珍惜、保护和利用丰富的植物资源。现代景观的植物要素都将在这里出现，但要以一种非传统的方式加以应用，以一种有机方式来经营现代景观植物，使其自身形成良性的持续发展。各种植被所构成的植物景观的各个部分相互关联协调，具有整体性，现代景观设计的意义。

在英国的维多利亚和爱德华时期，人们对种植花草的兴趣高涨，那是一个属于"植物猎人"的时代，其代表人物包括雷金纳德·法勒和欧内斯特·威尔逊。许多作为装饰性的植物从原产地引入，成为时尚园林景色中的一部分，虽然这一举措在当时破坏了某一地区的生态平衡，但现在已经根深蒂固了。除了所选用的植物材料具有多样性特点外，维多利亚时期的园林还出现了将草本花境和混合花境组织在一起，以增强秩序感的设计方法，威廉·鲁滨逊是这种做法的主要倡导者。

格特鲁德·杰基尔更是倡导用更多的自然式种植，并将威廉·鲁滨逊的许多设计观念融入自己的设计中，促成了和谐统一的植物配置方式的生成。

1995 年，鲍尔创造了海尔布隆砖瓦厂公园的景观设计。这是在砖瓦长停产 7 年之后才开始的创作，所以基地的生态状况大为好转，一些昆虫和鸟类返回到这里栖息，有些更是稀有的、濒临灭绝的生物物种。这也证明，在人类影响的地区，通过自然保护，地区的生态价值可以得到恢复。鲍尔就是从对基地特征的分析中找到设计理念的，他的目标是是新的景观对地形地貌达到最小干预，基地上的植被和特点都保留下来，并部分得到强化，以建造一个有机的植物景观，树立新的生态和美学价值，形成人们休闲、物种多样性与生态平衡的统一。原有砖瓦厂地貌并没有改变，公园中心 1.2 公顷的湖面是最吸引人的地方，湖岸边种植大量水生植物，充满自然野趣，并与其他植物（如野草、杨树等）一起形成了一个有机的生态综合体。

哈格里夫斯在烛台角文化公园里运用了乡土的、耐旱的植物品种，并希望自生的灌木和乔木能够在避风的坑地中生长。经过多年的自然演变，现在这里已经萌发出刺槐等植物，这些变化将逐渐改变地貌，软化当初地形塑造的棱角。

四、农田融入现代植物景观

生态主义在植物景观中还有一些视觉化的表现。比如，在西方城市的一些人造现代建筑环境中，种植一些美丽而未经驯化的当地野生植物，与人工构筑物形成对比；在城市中心的公园中设立自然保护地，展现荒野的景观，不设任何游览与服务设施；将农田渗入现代植物景观，景观融入广大的农用地中，反映人们对自然的回归，表达了广义的植物景观的概念。城市植物景观设计需要从生态战略高度出发，通过生态战略点、特色农业生态系统和城郊防护林带中的农用地等，使农田漫布于城市用地中，创造一个干净整洁的城市，促进城市的可持续发展。开发都市里的乡村，将农田融入城市的一个重要意义就是使其具有生态功能。如果说其生产功能反映了农业的基本功能，那么其生态功能就，是城市具有活力的不可替代的功能。这种设计方法不仅满足了人们对乡土景观的视觉和精神需求，还具有实际的生态价值，它能够为当地的野生动植物提供一个自然的、不受人干扰的栖息地。

城市中的植被可分自然植被、半自然植被和人工植被。在快速城市化的过程中，这些植被正在遭受毁灭性的破坏。我们不仅要保护这些自然植被和半自然植被，还要扩大城市中的人工植被。农田作物就是具有战略意义的人工植被。时下大规模的人工草地、人工林、人工灌丛等植被需要人工作物的补充。城市中的农田是镶嵌在城市基质中的残余斑块，这些斑块通过绿色廊道与城市的绿色环境发生联系，并同广大的郊野农田相连，我们可以合理有效地利用广大农村的绿色基质扩展整个城市的植被面积，维持城市绿色景观的稳定和促进其发展，提高城市的综合生态效益。

第七章　现代园林景观设计美学艺术意境欣赏

现代园林景观的建设与发展一直是人们所关注的重要课题。现今，全球化进场加快，城市园林景观建设水平虽不断提高，单仍存在严重的景观趋同现象，原有的鲜明的地域性特色正在逐渐消失。因而，如何在园林建设中让地域特色得以重塑，使历史文脉得以延续成为当前亟待解决的问题。在此阐述园林景观设计的理论基础，介绍几个具有代表性的园林景观。

第一节　北京恭王府萃锦园园林景观美学艺术设计

明清时期，我国的园林建设趋于顶峰，逐渐出现了北方、南方、岭南园林三足鼎立的局面，这其中以南方私家园林最为著名，北方园林则以皇家园林为主，气势恢宏，如颐和园、圆明园等。在北方园林中有一个园林类型不容忽视，那就是以恭王府萃锦园为代表的王府花园。王府花园现存数量不多，其中萃锦园是北方王府花园的瑰宝，它凝结了中国传统宗教思想，经历百年历史沧桑，赢得了"一座恭王府，半部清朝史"的极高赞誉。

一、萃锦园概述

恭王府花园又名萃锦园，清朝乾隆年间这座花园便建造而成，曾经居住过和珅、庆郡王永璘及后人、恭亲王奕䜣及后人，已经经历了百年的沧桑巨变。萃锦园独具特色，是王府花园的出色代表，从整体布局、空间结构、游线组织、功能布置到各个造园要素的考究中，无处不体现着深厚的京城传统文化与清朝历史脉络。

我国的园林是一门综合性的艺术，它的发展受到经济、社会、文化等多方面因素的影响，具有极高的研究价值。其中，王府花园作为北方园林的重要类型之一，不仅体现出了精湛的造园技艺和美学思想，也蕴含着古人对美好生活的向往。

对恭王府萃锦园园林美学艺术的研究可以着眼于园林艺术本身的美学价值和审美意象，通过对园林物质性构建要素、精神性构建要素的分析与探究，挖掘园林意境空间的特征和形成的手法，挖掘萃锦园中独树一帜的意境美和营造美，寻找深植于园林中的独特园林艺术美学。

萃锦园作为王府花园，所呈现出来的自然是完全不同的审美体验，这种独特性的挖掘既可以呼吁人们重视现代园林艺术与传统美学的联系与融合，还对当代环境艺术设计、园林设计有所帮助。

二、萃锦园的物质性构建要素与园林美学

园林是山水、建筑、园艺、雕刻、书法、绘画等多种艺术的综合体。中国园林是由建筑、山水、花木等组合而成的综合艺术品，分析萃锦园的园林艺术之美不得不从萃锦园的这些物质性构建要素入手。通过对这些要素的分析，可以掌握整个园林构建的脉络。

清代王公贵族几经修缮，萃锦园才有了如今的样子。在修缮的过程中，园主人将自己对生活和艺术的追求注入了园林之中，园林规模扩大，园林格局方正敦厚，园林营造也更加细腻。这不仅受到了当时艺术美学的影响，如诗歌、曲艺、书画等，还受到了禅学、礼制、信仰等方面的影响。王府中现在还有龙王庙、山神庙、花神庙三处庙宇，若家中有大事发生，当时的园主都会去参拜以求神灵庇佑，体现了其复杂的多重信仰。还有一个万福园，园内有无数与福相关的景点和图案，体现了园主人对美好生活的寄托。

中国造园与绘画艺术密切相关，既无逻辑性，又无规则。萃锦园既为王府花园自然有等级和规模的限制，花园兵分三路，分别是中路、东路、西路，这三路的景致在花园中并没有明确的分界，而是你中有我、我中有你，整体平面图看起来自然大气，整个园林充满了诗情画意，如同展开的山水长卷，但见重峦叠嶂，悬瀑流溪，曲径通幽，树林掩寺，翠竹深柳，亭台楼榭，鳞次栉比，既有江南园林的清秀，又有北方园林的大气。道路交错，景致之间相互掩映，形成了丰富的空间层次效果，可以说是北方园林中的精品。整个花园历经百年，园中亭廊楼宇相互掩映，畅游其中可远眺、可近观，使人身心自由，完全置身于自然之中，同时园中加入了园主人的生活场景，承载了娱乐、社交、集会等多种功能。

（一）建筑之美

1. 萃锦园个体建筑类型与功能

恭亲王作为在清末享有重要国家权力之人，具有较高的文化和艺术修养，他

将王府花园作为自己社交、娱乐、集会等集多种功能于一体的场所空间，而不只是一个花园这么简单。恭亲王时期，萃锦园修建了大量的建筑，其中包括现在园子中最重要的建筑——大戏楼。

萃锦园中的建筑众多，以大戏楼为例，它是花园东路的重要建筑，建筑面积 685 平方米，建筑形式为三卷勾连搭全封闭式结构，包括戏台、观众座席、化妆间等，建筑为纯木质结构，内有两层，南部为戏台，台口朝北，硬木雕花隔扇墙分出戏台的前台、后台。戏台背景上悬挂黑底金字"赏心乐事"木匾，民国时期戏台上挂过一盏四层工艺玻璃西洋大吊灯，非常华丽。大戏楼内有数根直径在 50～60 厘米的木质支柱支撑着顶部的梁和柁，中间为看厅，厅内悬挂着 20 个精美绝伦的彩绘宫灯，内部的立柱和横梁上画满了紫藤萝花，这源于府内有一株百年藤萝，王爷认为在紫藤下听戏更加能领会戏文的旋律，用这种装饰手法让藤萝花进入室内，紫色藤萝花繁叶茂，清新淡雅，坐在戏楼之中犹如置身藤萝花架下，怡然惬意。戏楼的外围有游廊环绕，外廊和内廊又形成了一个天井空间，这样的空间不仅可以起到戏楼与花园之间的隔离效果，还分散了大戏楼的体量对园林的影响。精美大气的大戏楼内部装饰华美，外部游廊环绕，气氛惬意宁静，是萃锦园中一处不可多得的精美建筑，据说清末时期京城知名的戏班子都曾经在此处登台献艺，这个戏楼的存在无疑为整个萃锦园增添了一抹戏曲艺术的色彩。

萃锦园中还有一个非常重要的标志性建筑，那就是西洋门。西洋门是花园的正门，仿照圆明园的大法海园门建造，浓郁的西洋建筑风格给整个园林增加了一抹浓郁的西洋风味，门上刻着"静含太古"和"秀挹恒春"，反映了园主人希望达到"静"和"秀"两个境界，希望在喧闹的城市中永存太古之静，希望园中的秀色永远如春，仿佛进入此门就进入了另一个天地。这座西洋门是恭亲王奕䜣仿照圆明园大法海园门制，是流传至今保存最完整的汉白玉石拱门，整体造型采用舒展流畅的西洋风格，门上采用转花纹浮雕，典雅大气，外墙面的装饰也采用了西方的图案进行装饰，这是一种跨越空间的文化重叠，将西方的审美艺术风格融入中国古典园林意境之中。西洋门所包含的独特艺术魅力顿时为整个园林增添了一抹别样的意境，其精美的图案和样式在整个园林中起到了重要的点缀作用，文字又饱含深意，包含西方园林艺术之美和东方园林的艺术追求，达到了形式美和艺术美的高度融合。

2. 萃锦园中建筑的结构形式之美

建筑的艺术形式并不只是一个简单的美学问题，包括园林建筑在内的建筑艺术形式，有其特殊的美学内涵。萃锦园的湖心亭与其说是亭，不如称之为"水阁"，其四面环水，坐落于湖中心，台基是形态各异的叠石，既可远望，又可进入其中欣赏水边的游廊、荷花等，湖心亭四面围着一圈廊柱，让原本就在水中心的湖心亭看上去更加精致秀丽，极富装饰效果。北方宫殿建筑大多有精致的彩绘，五光十色、瑰丽绚烂，相较南方的清新素雅更显富丽堂皇、景致大气。这种建筑外在的装饰美和形式美很好地与园林的美互为契合，与整个园林的整体形象相融，蕴含深层的审美内涵。图7-1为园中游廊。

图7-1　园中游廊

　　提到萃锦园的建筑，不得不说的便是"蝠厅"，它在园林中路的最北端，是中路的最后一个建筑，蝠厅的形状像是展翅飞翔的蝙蝠，寓意祈福，绿树与山石交相辉映，且位于地势较高的地方，因而"自早至暮皆有日照"。萃锦园的建筑偏于平直、收缩、端重，"蝠厅"属于一个个例，当以仰视的视角观察，以高空为背景想象，似乎可见蝙蝠张翼奋举、展翅飞翔的意向，令人神思为之飞越，有一种群体的自由腾飞之美。正厅五间，硬山卷棚顶，前后各出三间歇山顶抱厦，因而得名"蝠厅"，也有人叫它"蝠殿"。

　　蝠殿也叫"云林书屋"，过去是园主人居住之所，蝠殿位于滴翠岩的北侧，位于整个中路的末端、整个院子的最深处。殿出均有竹廊，与滴翠岩距离紧凑，且山势陡峭，让人犹如在幽谷之中，山石之间还有古松一株，松石掩映，使整个环境如同一幅"松石图"，载滢赋诗曰："孤松倚其后，四时常葱青。云起绕我屋，盖影荫山庭。"可见，整个蝠殿不仅建筑华美无比，整个建筑周围的环境更是诗情画意。建筑是园林的起点，园林又是建筑的延伸。可见，建筑之美与园林之美不可分割。

　　3.萃锦园建筑与园林的美学关系

　　在萃锦园中无处不受到建筑美的光辉的辐射，建筑被变相地运用到园林的各个方面，同时有机地结合园林的自然山水格局和地势高差。建筑不仅承载了其本身所具有的功能，当其处于园林之中的时候，便不再是一个功能的个体，而是一个综合艺术品中的重要要素，建筑所在的位置、建筑的结构装饰、建筑的材质和色彩、建筑上的题字都深深地影响了整个园林的形式美感和气韵，这种物质性的构建要素以其本身的精神性特质影响了人们游园的感受。

在萃锦园中有一个建筑名为"怡神所"，其位于艺蔬圃的北面，漂亮精致的垂花门向南而开，门外种植有几棵秀逸的龙爪槐，葱翠茂密，进入垂花门内，便是一个极其幽静的竹林小院，也叫竹子院。轩廊掩映在翠竹之中，小院门两侧各有游廊通往建筑东西屋檐下，北面有一个小月亮门与下一个小院子相通，穿过月亮门是一个更大的院子，院子里有五间筒瓦式硬山卷棚顶的建筑，名为"香雪坞"。轩廊的西侧是一个彩画游廊，北面是大戏楼，院内种有荷花、牡丹，春华夏凉，环境清幽，这个地方也是恭亲王嫡福晋所居之处。整个建筑与园林融为一体，用植物之美衬托建筑，用层层递进的空间序列创造了一个幽静的空间。可以说，建筑是园林的重要组成部分，园林为建筑创造了更加丰富的空间体验。这两个要素相辅相成，不可分割。

在萃锦园中，这种建筑与园林之美的融合不只有"怡神所""蝠殿"两处，位于园林中路和西路之间的"韵花憩"、方塘北岸的"花月玲珑馆"都是建筑与园林之美的结合典范，园林赋予了建筑更多的生命和灵魂，让建筑不仅有了工程技术美，还有了性格，在自然山水间更加灵动、和谐。

（二）山水之美

1. 园石的类型与营造手法

在中国古典园林中，石是园之骨，也是山之骨，由于北方缺水，因而北方园林将造园重点放在山景，萃锦园也不例外。萃锦园中的假山主要以土石相间而成的山体为主，整个山体系统贯穿全园，中心景观便是滴翠岩（图7-2）。滴翠岩形体巨大，是萃锦园中一道独特的风景，它与园中水景相结合，整个岩石借助水滴创造出了灵动静谧的景致。载滢有诗云："烟雨滴空翠，嶙峋透云窍。"这不只是一座千姿百态的假山、一处迂回曲折的碧水，而是采用动态的造景手法，创造出了一幅苍翠欲滴的生态壁画。滴翠岩是北方地区少有的太湖石，虽然形态不及南方私家园林中的太湖石极品，但其整个形态算得上颇有神采，不落俗套。岩石千洞万穴，不仅可以远观石之美，更可以近游石之趣。在岩石的洞穴之中别有洞天，仿佛水帘洞一般，内部空间丰富，增添了不少游园的乐趣。

图7-2 滴翠岩

在萃锦园中还有连片的土石假山，分布于园林的西侧、北侧、东侧，基本上将园林包围，这样做不仅可以很好地使园林内部景观保持整体性、打破院墙的生硬之感，还增加了游园的趣味性。山体中形成了内部的道路系统，行走其中与畅游园内的感觉大不相同，在树木的掩映之中，院内景色若隐若现，高大的树木环绕又可以让人体会不一样的自然野趣、安静灵秀的空间氛围。在整个园林中，这一片假山也是无数景点最好的背景，因为有了假山，整个园林有了更强的内聚性，园林中的植物也可以种植在不同的高度上，整体形成了一个高低错落、层次丰富的绿色屏障。

山体北侧假山有一樵香径，宛似山野樵径，虽然是人工凿成却不着斧痕，山石间遍植野卉，行走其间花草繁茂，如同野生自然一般，巧夺天工，确实有深山樵径的韵味。沿着绵延的樵径向西行，便可见与山体相连的妙香亭，此亭形态优美别致，第二层要沿着山体的叠石上去，周围古树丛花，站在妙香亭凭栏远眺，远处山水相映，超凡脱俗。在山体的映衬下，整个空间起伏错落，意境幽深而明丽。

2. 山的审美特征

在中国古典园林中，除了屋宇、林木、水这些要素之外，山也是极其重要的要素之一，山的高与底、陡与缓以及山的形态、山上的叠石等都能给人带来不同的观感和体验。园林中的山有其独特的美景，闻峰可以引起人们"危乎闻哉"的惊奇感，这种感受在园林这种有限的空间体验中极其重要。山给人高低错落的观景体验，使观景体验更具有层次的丰富性，山上的草木往往可以对人的视线产生遮挡作用，使人更容易产生步移景异的观景体验。在园林中，山也是被观看的景物，山石的堆叠可以让人产生不同的审美体验，平缓的山势又可以造成山野情趣、古木盘桓、坐顽石而小憩之地。

中国园林中对山的营造手段主要以自然为主，不加过多的设计，避免排比和整齐，注重形式的美感，妙在有意无意之间。在园林之中有一种特殊的营造技法，那就是对山洞的营造。英国的雕塑家亨利·摩尔认为，"洞"有一种神秘感，这是对洞最基本、最真实的审美概括。陶渊明在《桃花源记》中写道："山有小口，仿佛若有光。"山洞之妙在于"仿佛"二字，人们总是好奇那种缥缈虚无、若隐若现之境。正因为如此，山洞才会存在于园林中，并且给人带来与众不同的观感，激发人们寻奇探幽。萃锦园中的秘云洞便是山洞最好的代表，洞内道路曲折，空间丰富，还有一个镇园之宝，那便是"福字碑"。福字碑上刻得福字是康熙皇帝书写，寓意吉祥如意，是现存少有的康熙皇帝的手书，极为珍贵，这也是萃锦园每年吸引大量游客的原因，来者都想亲眼见一见这个天下第一福，祈求为自己带来吉祥如意。

3. 山体在园林中的艺术地位和审美特征

山石是固有的，而水是流动的，它属于柔性的。山与水能使画面刚柔相济，仁智相形，山高水长，气韵生动。在园林构建中，理水比叠山更为重要，无论在南方还是北方园林中，水景都是园林的中心要素。恭王府花园的水体距离什刹海并不远，因而在设计之初，便引水入园。样式雷家族当年的设计方案在目前所见的花园中水体面积不足 5%，但西侧的水体相对集中，所以同样可以让人感觉到水面开阔，水边也多用石头堆叠成错落曲折的驳岸，泊岸的处理相对方正，没有南方地区那种千变万化之感。萃锦园的水体面积为 0.18 公顷，水岸线虽简单，却不失大气，在萃锦园主路南边一个小水池，连接西侧的大水池，小水池的形状如同蝙蝠，名为"蝠池"。此处的水岸处理颇为讲究，配合周围的假山叠石十分协调，虽然萃锦园的水景没有如江南园林那般处处有水，形态各异，仿佛缺失了水的自然美、参差美，但是在整个景致中也恰到好处。

4. 依水体的景观之美

在中国园林系统中，有一些景观离不开水，它们依水体而生，同时丰富了水体景观。在整个依水体景观类型中，主要分为动态和静态两部分：动态为水中的游鱼、水禽、植物；静态的为桥、岛、岸石等。在萃锦园中，蝠池和方塘水面之间有一渡鹤桥，这里是中路重要的连接道路，整个桥面用湖石堆叠而成，形态自由，造型与驳岸连为一体，桥下是流淌的池水。桥在园之中央，长桥卧波，四顾浩如。余所豢之鹤，每值冬日，辄立其上，现今再观渡鹤桥早已没有了鹤，桥也并不在园之中央，但渡鹤桥依然是园中重要的观景之处。在古典园林中，鹤可以取"仙""寿"之意，以示这座山林的主人可以在此怡神养性、颐养天年。试想站在此处，可观通体白色、素净雅洁的鹤立于此，此意境如诗如画，象征吉祥如意，映衬着园主对生活的美好心愿，也与整个园林的精神气质融为一体。

在方塘中央的方塘水榭配合水体规整的形状，整体感受依然是王府的大气而非江南园林那般小桥流水，整个建筑轻盈大方，造型优雅，建筑四面通透，为三间四周带有坐等栏杆的敞厅，静坐水榭之中，可以欣赏水中的野鸭和游鱼，而不远处的水池南边种植着大片的荷花，春夏时节，荷花盛开，周围群树环绕，人们可以坐在水边廊里远眺湖中美景。在方塘的东侧，园林中路、西路之间有一座南北走向的长廊，名为"缘堤长廊"，载滢的《补题邸园二十景》中有云："两水夹长廊，乔柯荫四邻。"现在，两水夹长廊的景色已不复见，但长廊之景依然壮美，凭栏远眺可以望见湖中水榭、荷花、游鱼之景，同时方塘对岸的风光一览无余。

方塘周围种植垂柳，柳树柔软的枝条随风摆动，打破了水面规整的形状，同时垂柳倒映水中，形成了一幅"拂堤杨柳醉春烟"的风景图卷。整个方塘的置石驳岸相对规整，相较南方园林的自然起伏显得略失变化。

（三）花木之美

1. 花木造景与园林意境的形成

在园林构建性要素中，花木之美也是不可缺少的，园林在早期便是种植植物的园子，又名林圃、林园等。在园林发展的漫长历史中，花木的种类变得越来越丰富，形态和内涵愈来愈深厚而美好，层次也愈来愈多，花木在观者眼中已远远超出了观赏，而有了更多的精神性内涵。

根据载滢《补题邸园二十景》中的记载，园中的植物非常茂盛，不同景区各有种植特色，虽然经历了百年的变迁，植物形态发生了不同程度的变化，很多景致已经与诗句中大不相同，但现在萃锦园中的植物依然繁盛，春、夏、秋、冬四季景致不同，同时萃锦园中的种植分为不同的片区，通过植物的不同搭配，形成了不同的意境。在园林的东路，沿着"曲径通幽"之羊肠小路，迂回向北，便是艺蔬圃了（图7-3），这边土地平阔，豁然开朗，过去府里在此处种植各种蔬菜，并且用沁秋亭的流水浇灌，此处由于果蔬的种植给人一种良田美景其乐融融的景象，载滢称之为"艺蔬圃"。萃锦园为王府花园，却将一片菜园开辟出来，作为一景，大概是源于封建社会重农思想的体现，这样的一片小菜地甚至还可以用来招待前来

图7-3　艺蔬圃

花园用餐的宾客，享受这种自给自足的乡间野趣，虽然算不上美景，但是这种恬静、轻松的气息也是园林中特别的一景。

当然，作为古典园林，花木当然是必不可少的。花有美丽的色彩，千变万化的形态、芳香的气味，古人常把花朵比作美好事物的化身、美好品行的代表。在萃锦园中，花木的种植非常精巧细致，不同的花木经过精心的设计点缀在园林中、西两路，通过植物材料的组合搭配，使不同的景区有了不一样的诗情画意。南山偏东处有一棵老槐树，配植不知名的野花野草，呈现出了一派古朴野趣的自然山境；南山偏西处花木繁盛，山上种有丁香，山下种有桃花，春季形成吟香醉月的美景，秋季有漫山红叶。

2. 花木与时空、气象所呈现的景观美

时间是永恒之流，它无止境地流逝着。在时间的交叠中，万事万物生生不息地变易着，天地之美在四季的交替中周而复始地流转着，十分明显的便是山花草木的季相变化之美。在中国古典园林中，山花草木的四时变化之美使园林之美由静态美上升到动态美，成了时间与空间形象交叠的审美意象。

在萃锦园西路的澄怀撷秀，夏季的时候呈现出来的是树木茂密、密林遮天，而在早春时节，海棠花开，西侧山上的迎春花也呈现出了靓丽的黄色，将整个景色点缀得生机勃勃。澄怀撷秀又名花月玲珑馆，在奕䜣时期，馆前只有8棵粗大的古海棠及一树紫丁香。在馆前的方塘之中，7月塘中荷花盛放，周围树木茂盛，呈现出了浓浓的夏意。

在园林中路，主建筑绿天小隐和邀月台坐落于整个滴翠岩的山顶。8月盛夏，周围古木参天，绿荫遮罩，人们在此处可以感受到些许清凉，分外惬意。早春3月时节，虽然树木并不茂盛，但是假山间的迎春花和连翘已经将山体装饰得分外夺目，同时有些许翠竹在其中，虽没有密林遮天的效果，却能感受到北方早春时节独特的景致。早春微冷，阳光透过古树的树枝洒落在邀月台，人们可以在视线毫无遮挡的情况下欣赏全园的景致。

花木所呈现出的四时之景可以影响人对园林之美的审美情绪。花开花落可以带来更加丰富的观赏体验。方塘东侧长廊有一排东西朝向的小屋，屋前种植有李树、杏树、玉兰等，坐在此处，既可以欣赏花木烂漫，也可以津津有味地赏鱼、观山，享受风声鸟声、蛙唱虫鸣的天籁之乐。

另一处建筑蝠厅的周围少有花树，种植翠竹和松柏，与厅前的假山陡峭构成了一幅亭亭翠柏、瘦石相倚的画卷，此处也叫作"云林书屋"，是园主人的居所。丛竹掩映下的蝠厅更添古朴，故每当"凉飙乍至，天籁徐闻"时，此处"左宜兼右如，如有广陵琴"的诗意画境。园林中的建筑、山水、花木都是物质性的三维空间造型，但由于作为园林美的物质性构建要素季相的介入，又渗入了时间的维度，体现出了四维时空结构之美。

三、萃锦园的精神性构建要素与园林美学

（一）儒释道思想在园林中的延续

中国的园林艺术和意境的营造与园主人的精神境界有不可分割的联系，无论苏州的沧浪亭还是同里的退思园无不透露出园主人对生活和人生的感悟，一花一木并不单纯是对美的追求，也包含园主人的精神寄托。萃锦园这座经历百年的园林虽然经历了数次园主人的更迭，但其所寄托的精神情怀依然清晰可见，其中蕴含着深厚的儒释道思想。

1. 儒家文化

中国古代是中央集权制政体，儒家文化自然是主流文化，其强调纲常伦理和天人合一的整体观。统治阶级占据至高无上的地位，儒家强调君臣有别，萃锦园一直是作为朝中重臣和王公贵族居住的宅院，整个园林的布局规整严谨，院落布局以中路为轴三进式院落布局，东侧和西侧各自形成一个空间体系，体现了以皇家园林为尊的造园理念。

恭亲王作为皇帝的兄弟，恭王府中的诸多建筑都是由皇帝钦赐，如中轴线上的"安善堂""明道斋"等，皇帝所赐匾额饱含深意，不仅是一种封赏，更是无时无刻地提醒着君臣有别，恭亲王的"恭"字也有谨言慎行、谦良恭谨之意。

在园林主轴线上有一峰名为"独乐峰"，取自孟子"穷则独善其身"之意，但奕䜣并非只想独善其身之人，他心怀天下却无法实现心中的抱负。独乐峰正是他的自嘲。

儒家思想对北方园林影响非常深刻，贵族士大夫将儒家文化的思想融入造园之中，对园林的审美取向也产生了或多或少的影响，这大概就是北方园林不及南方园林的重要原因之一。

2. 释家文化

禅在普世文化中的价值深深地影响着文人士大夫的造园理念，禅学比起儒家文化给人的种种束缚更加自由和随心，释家文化往往会引起文人士大夫的诸多共鸣，这种禅学思想渗透到文学里是诗词歌赋，渗透到空间里便是园林。相较园林的物质性构建要素，其精神性构建要素也许更加重要。

在萃锦园的山上零零散散地种植着野花和树木，并没有按照什么规则区种植，这就使春夏秋冬之景各有不同。在牌匾中也多有体现，如主峰之上的"绿天小隐"，

除给了空间自由外，对时间的操纵更是游刃有余。中国古典园林善于利用四季、节令、气象中的不同景象，创造时空交融、蒙太奇的境界。"吟香醉月""花月玲珑"写的是春景，"滴翠岩""延清籁""诗画舫"描绘的是夏景，"养云精舍"描绘的是秋景，"雨香岑"描绘了雨天秋景，这些景致打破了时间和空间的界限，使人在不经意间捕捉到美景而对瞬息万变的人生和辽阔无垠的宇宙产生了种种参悟。

3. 道家文化

道家文化的中枢核心便是道，它强调自然的重要性，主张"无为而无不为"。道家思想便是中国古代的哲学思想，这一复杂的哲学思想也在萃锦园中多有体现。大戏楼名为怡神所，怡神有道家倡导的超脱尘世、神游天地之意。在西洋门上刻有"静含太古，秀挹恒春"，这 8 个字便是园主人寻找室外桃源、欲求幽静避世的写照。在方塘北侧有"澄怀撷秀"，澄怀是道家追求的清明澄澈的心境，人得虚无，则心灵清明，只有心境清明才能撷秀。

（二）"福文化"与"蝙蝠"意象在园林中的运用

中国古典园林中常常会用不同的动植物意象进行装饰。在萃锦园中一个非常重要的符号就是"蝙蝠"，蝙蝠长相奇特，昼伏夜出，但因其发音与"福"字相同，变成了中国古代最能代表福文化的意向。和珅在建园之初大量运用"蝙蝠"这一符号，在后罩楼的一个窗檐上便雕刻着一只倒着的蝙蝠形态，意为"福到了"。恭王府的福文化也被称之为"藏福文化"，据说整个府邸藏有 9 999 只蝙蝠，花园东路的多福轩更是以福闻名。在这个园中有很多福寿的匾额和蝙蝠的形态，因而称之为"多福"。

在萃锦园中，福与蝠无处不在，有的蝙蝠作为彩绘画于梁上，有的雕刻于窗棂之上，甚至园中的铺地、砖雕也都有蝙蝠的形象，不愧是万福园，如此频繁地将这种形态装饰于园林空间之中，可见园主人对福寿、健康的渴望之情。

四、萃锦园审美意境的整体生成

（一）空间划分：方方胜景，区区殊致

1. 空间交错之空间趣味的形成

任何园林的空间都是有限的，能创造出各种不同的意境空间的原因在于空间的分割。中国古代园林造园手法中有"意在笔先"的"经营位置"之说，这意味着在造园之初造园者就要清晰地规划安排出园林空间意境的划分，对园林有一个整体的把握和统筹。一个园林通常分为大景观、小景点或者其他更别致的小空间，

每个空间单位都有不同的主题、风格和美的意境，这样可以丰富观览路径，让人们在游览的时候产生新鲜感、有兴趣。

在萃锦园中，园林结构相较南方园林更加清晰，它的道路路径被分成西路、中路、东路三路，这三路各自有不同的入口，进入之后所观看到的景致也各有不同。除了这种结构上清晰的划分外，萃锦园还根据使用功能的不同划分为泛舟嬉水、宴会、品茗、观花、观鱼、听戏、吟诗、游洞、供奉等诸多景区。另外，萃锦园还有堆山而成的假山景区，这些景区中又细化出很多小景致、小功能，如戏楼、游廊、山石影壁，还有宾客休息区，小景点之间经过精心的设计，空间参差错落，别有情趣。假山区山体连绵，道路沿着山势设计，人们行走其间上上下下，有各种不同的走向，能令人们审美意兴倍增。山体间还有小的庙宇坐落其中，这种游览体验不同于平地上的亭台楼阁，而是给人一种田园野趣、放松悠闲的精神享受，再加上庙宇的点缀，构成了一幅别样的图景。

2. 廊在园林中的空间划分功能

萃锦园的整体布局并不复杂，但不同的景点交叠其中，彼此间相互交错，能给人极为丰富的空间体验。游廊在复杂空间中起到了重要的分割作用，萃锦园的长廊上面雕梁画栋十分精美，通往绿天小隐还有一段爬山，仿佛有颐和园的韵味。这段廊子在整个院中起了很好的连接作用，将原本简单的空间布局打破，丰富了空间的层次，创造了十分丰富的空间体验。将廊子南侧规整、细致的景观空间和廊子北侧幽静恬美的自然空间很好地分界与连接，让空间的过渡更加协调，这显示了廊子在园林空间分割美学方面的重要作用。

园林游赏是一个动态的空间序列，景区之间的对比可以为人们创造丰富的观览体验。不同景点之间的分割和连接很有学问，分界过于生硬会让原本灵动的空间变得呆板，而廊子如果运用得当便可以分界景区于虚实之间。湖区和安善堂之间便是用廊进行分割，配以翠竹，使整个界限通透，将湖面景区很好地划分出来，在安善堂远望湖水更有一种意境深邃之感。

3. 空间各异、景致奇趣

空间之间的差异化设计使每个景点都各具特色，通过空间的分割使各个景区相互区别、互不重复，各自有自己的创造力和生命力，各自演绎着不同的审美情趣。

萃锦园的景区经过造园者的有机分割，虽然不如南方园林那种步移景异的效果，但是整个园林的观感十分丰富。整个园林在规整中富有变化，变化中又不失稳重，既有小桥流水、山林野趣，又有登高远眺、亭台楼阁的大气之美，每个景点之间既相对独立，又各自成趣，密林遮天的绿天小隐、造型优美的蝠厅、充满诗情画意的流杯亭、田园野趣的艺蔬圃、中西合璧的西洋门、竹音绕耳的怡神所，还有可以眺望水面的澄怀撷秀，每个都可当作独立的艺术品来欣赏，每个都有其独特的审美意味。在园林的宏观控制之下，每个景区、每个景观单元、每个观景层次都息息相关，都属于萃锦园这个完整的艺术，一气贯通。

（二）宾主相依：园林的凝聚与统驭之美

萃锦园作为一个园林艺术整体，它各个部分的地位绝不是完全平等的。就如同中国画中所体现的"宾主相依，互为协调"的美学关系一样，在所有的艺术品类中，无论绘画、音乐还是小说、戏曲无不体现着宾主关系。在绘画中群山之中必有主峰，在小说叙事结构中必有主线，交响音乐也有高潮迭起和主旋律，这便是主体的重要性，园林作为综合艺术体也不例外。在萃锦园中，园林作为整体必然分割出无数小的景点和空间，这些空间中也必然有主有次。在萃锦园的园林序列中，中路的景观丰富度要远远超出东路和西路，也有中西结合的西洋门太湖石假山、石洞、爬山廊以及北侧的精美建筑"蝠厅"，俨然统领着整个园林的空间态势。李渔《闲情偶寄·居室部》中说："房屋忌似平原，须有高下之势，不独园圃为然，居室亦应如是。前卑后高，理之长也。"整个中路景观格局正是延续了这一理论，入门先见形似送子观音的独乐峰，后又有蝙蝠形状的蝠池，穿过安善堂之后，便是钟灵毓秀的假山奇景滴翠岩，层层递进，能够俯瞰全园的绿天小隐便坐落在滴翠岩的假山之上，这也是全园的制高点，并且两侧有爬山廊供人登高远眺，整个空间透露出了美的序列感，极大地突出了主体建筑控制下的园林意境，这种序列感让人感受到了北方园林独有的气势，统驭了整个园林，也影响了整个园林的意境。

在整个园林的西路有一面积相对较大的水池，水池中心坐落着湖心亭，其造型精美，雕梁画栋，体积较大，形体方正，这种大型的湖内建筑在南方园林中非常少见，这也是萃锦园因其独特的历史背景和地位而产生的独特景观。湖心亭位于湖的中央，周围是大片的水面和荷花，湖边是长条形的长廊供人休息和欣赏。湖心亭中心的地位毋庸置疑，在整个园林的东路有着重要的统驭地位，同时其流露出的大气凝练的艺术特质也控制和影响了全园的景观气韵。

滴翠岩、湖心亭、绿天小隐，包括戏楼都是园中重点，由于山水和建筑有其固有的形态和风格，所以都会成为景观的中心，在全园中起着重要的凝聚和统驭的艺术功能，这种主题景观可以为游览者留下深刻的观景印象和审美体验。

（三）亏蔽景深：园林空间的显隐之美

萃锦园是以山水为主题的园林景观，园林入口的西洋门和榆关都是一种空间的遮隔，只能透过门望见园林的局部却不能一目了然，而周围连篇的山体便是山石亏蔽，在园内无法望见园外的景色，使整个景观有了很强的凝聚性。进入院内要穿过安善堂方可看见滴翠岩，这便是屋宇亏蔽，在院中透过临水而建的廊子上形态各异的窗洞才可望见若隐若现的水面，透空处流露出的景观更为怡人。怡神所要透过月洞门，视线穿过门中茂密的竹林才可望见园中之景，这种虚实相间、明暗对比让整个景观层次无比丰富。在蝠池处，视线穿过精致的屋顶、几根廊柱以及华美的栏墩方可望见远处的滴翠岩，近处隔陆，远处隔廊，葱树掩映。

中国园林的造园艺术中亏蔽是非常重要的一个特质，创造出无限空间遐想的正是这种亏蔽的方法。在这种丰富的空间艺术中，种种亏蔽所营造出的不隔而隔、互为显隐的多结构开放系统使整个园林实现了景致的交错叠加，灵动生趣的显、隐、物、我的统一。

（四）气脉贯通：园林整体气脉相通之美

在中国古典园林美学中，气脉相通是非常重要的一个方面，脉络是山水之间可见的联系，它藏于山水间，有气而有势，韵高而意深。虽然气脉是虚而不可见的，但是能影响整个园林的意境和游人的观感。

在整个萃锦园中，山脉绵长，自北向南，自东向西，贯穿全园，虽然这其中因"西洋门""榆关"中断，但山虽断而气犹存、脉断而意接、形离而势连，山脉之间仍然构成了完整的体系和含蓄的图景。在整个园林的东北部，虽然山势已经逐渐不再，但是有大大小小的假山叠石，仿佛呼应着不远处的山体，整个山体的气运贯穿整个园林。在中路的绿天小隐处与滴翠岩相连，整个山势也到达了顶峰，滴翠岩与水脉相连，仿佛水的源头，这也印证了"山贵有脉，水贵有源"一说。北方缺水，因而水体并不像南方园林那般处处可见、曲折萦回，但是整个园林的水脉同样相对完整，滴翠岩下钟灵毓秀的小水池仿佛水源，蝠池与园西侧大水池的设计更是巧妙，蝠池使大水池的水有脉可循，相互流通。大小对比，虚实照应，虽然三个水池并不相连，但似乎清流连贯又来去无踪。

不仅是山水之脉，整个园林建筑布局合理，错落有致，建筑之间有游廊连接，相互间既独立又联通，建筑的整体风格与环境相得益彰，建筑内外环境之间的处理妥当，这也是一种气脉。山、水、建筑之间组成了相互联动、相互映衬、相互契合的生动画面，构成了园林的整体美和整体气韵。

第二节　徐州彭祖园园林景观美学艺术设计

从生态与文化视角入手，通过对徐州城市园林景观特色的总结，以点带面，可为今后各地形成具有特色地域文化的城市园林景观以及创建生态园林城市提供具有实际参考价值的模板。下面以徐州彭祖园为研究对象，关注地域性对徐州园林景观的影响和作用，对重点案例进行详细剖析，总结徐州园林的景观特色，在理论上弥补当前国内有关徐州园林景观特色研究的空白，丰富我国地方园林研究体系。

一、徐州彭祖园园林概述

江苏徐州有"九朝帝王徐州籍"之说。徐州文化底蕴深厚，是彭祖、两汉文化的发源地，"楚韵汉风、南秀北雄"是徐州最为鲜明的地域文化特质。当前，徐州城市建设发展十分迅速，近年来更是获得了"国家历史文化名城""国家园林城市""中国最美城市"等荣誉称号，城市建设水平不断提高。在园林建设中，徐州避免了"千城一面"的弊病，通过总结自身特色，注重对历史文化的挖掘与传承，充分彰显了城市地域文化内涵。徐州的园林建设经验值得我们总结、学习。

徐州园林景观总体具有"楚韵汉风、南秀北雄"之特色，且在各个类型的园林中独具魅力。现代公园建设必须在传承中创新，徐州彭祖园在此方面就颇具特色。徐州古称彭城，是彭祖文化的发祥地，也是世界彭姓的发源地。彭祖篯铿是令人敬仰、誉满华夏的圣贤人物，是我国的养生学鼻祖和中华大寿星，为后世留下了丰厚的文化遗产。彭祖文化是徐州最具垄断性和唯一性的文化，民俗风情极具特色。而彭祖园就是以彭祖文化为魂，以人文景观为特色，集徐州历史文化、生态休闲、游艺娱乐为一体的综合公园。它是国家4A级旅游风景区、江苏省一级园林、徐州新八景之一，是极具园林特色的徐州公园典范。本节选择该园进行实例分析，论证徐州特色在公园建设中的体现。

彭祖园建于1985年，于2010年进行敞园改造，位于徐州市区南部，云龙山东侧，总占地约34.7公顷，西与云龙山相连，南与小泰山、凤凰山相望。彭祖园整体呈南北走向，采用自然式的造园手法、以曲线为脉络的道路系统。福山、寿山位于园中部，是南北相对峙的两座山头。北山为"福"，南山为"寿"。山上由游步道贯穿山顶，蜿蜒曲折，坡度适中，连接寿山顶的大彭阁和福山顶的祈福台。山下是全园风景的主要组成部分，两山中部以一条彭祖历史文化纪念轴为分割，从西入口、观鼎桥、彭祖像、祭拜广场形成整体序列。东部则是以福寿山水为主题的城市生态景观轴。山体西部为自然式水体——不老湖。山水环抱，景色秀丽，园内五大景区有机联系在一起，包括不老湖景区、福寿山景区、花林嘉荫景区、康乐颐年景区和奇境觅趣景区等，形成了特色山水构架的"一园二轴五区"总体景观布局。整个园区通过分区式园路系统贯通为一个整体，以形成完整的动态展示序列。

二、徐州彭祖园地形

彭祖园建设坚持以保护利用为主、改造为辅，切实做到了顺应自然、返璞归真、追求天趣，总体地形犹如天地间一把养生的太师椅。福山、寿山位于公园中心，寿山上的大彭阁为全园制高点，向下形成一系列竖向景观。在山体东侧挖湖筑岛，形成了主湖在前、主山在后的山水相依格局。在水面筑岛堆山，增加水景丰富度，增强山脉的绵延感。自然水体北侧开挖下沉式规则水体，增加可游性。园内微地形处理多样，高低起伏，设台阶、观景台等。园林建筑散落全园，形式多样，高低错落，丰富了地形的起伏。

三、徐川彭祖园植物景观

优美的植物景观是彭祖园的一大特色，植物搭配层次分明，错落有致，色彩丰富，与景石、雕塑小品等相映成趣。"春花烂漫、夏阴浓密、秋叶瑰丽、冬景苍翠"，达到了四季有景、移步换景的良好效果。

彩色植物的大量应用是彭祖园植物造景的重要特色之一，充分考虑季相变化，合理配置，营造出了丰富多彩的植物景观，如图7-4所示。

图7-4　彭祖园秋景

植物配置依托福山、寿山的自然植被，以侧柏为主，整体绿化覆盖率达90%以上，整体风格大气豪放而又婉约。公园内栽植植物共计117种，隶属于56科91属。乔灌草比例约1∶1.1∶0.5，乔灌木常绿落叶比约为1∶1.6。上层植物主要有朴树、香樟、女贞、三角枫、毛白杨、雪松、广玉兰等，中层以樱花、鸡爪槭、桂花、腊梅、紫薇等开花植物为主，下层多为红花檵木、海桐、红叶石楠、小叶女贞等观花、观叶灌木。

在植物空间处理上，多采取"乔—灌—草"复层混交形式，高大乔木与花灌木高低搭配，并根据各区功能的不同运用不同形式的植物配植组合，从而营造出多种植物空间类型。比如，以草坪为主，边缘配置多层次植被形成中心开敞空间；由封闭性较强的竹类形成竖向空间；等等。空间处理上既追求整体合理性，又在其中富于变化，使整个公园富有层次。

彭祖园"合和昌"茶楼旁一处绿地，濒临湖岸。半面为草坪，承载着休憩与作为观景场所两种功能，开敞方向位于园路边，林缘线流畅而富于变化，增加了整个景观的景深感，结合园路边特色雕刻景观柱，整体富有文化气息。背景屏障群落层次分明，由内到外多层次结构。中心高大乔木层以落叶树种朴树、三角枫为主，夏季绿荫密闭，冬季枝干优美。中层常绿成分洒金东瀛珊瑚、桂花等的应用，使空间范围明确。群落另一边面向广场，观赏面又别具特色。外围种植色彩丰富并具亲和力的小乔木与灌木。红色鸡爪槭由于对光的需求，树形自然偏向开敞的广场空间。小叶女贞、红叶石楠、海桐三球群植，不同质感的绿色和谐共存，搭配粉红的杜鹃花，色彩丰富，景观优美。随着视角的转换，游人可以观赏到不同的植物景观，步移景异。

彭祖园内花境的应用较多，常配置于植物群落边缘，丰富林缘效果，如八仙石园的一处复层式植物配置相对独立。总体季相特征明显，层次分明，整体性较强，强调林缘线、林冠线高低起伏的变化韵律。林缘线外黄山栾树、香樟的点缀又使整体节奏富有变化。三株体量较大的三角枫占据了主体地位，树冠开展，枝叶繁茂，变色时效果突出。杏梅最早传递春的讯息，娇嫩而轻柔，继而牡丹、芍药竞相争艳，之后林缘花境植物月见草、大滨菊、黑心菊等相继绽放，更加生动活泼。秋来桂花飘香，冬至腊梅暗香浮动，季季有花可赏。

此外，彭祖园春季独特的樱花林景观也是园内一大亮点（图 7-5）。樱花林有10 余个品种，共 3 000 多株，有早樱和晚樱之分。早樱花色为粉白色，多为单瓣，花期一般在 4 月初；晚樱为粉红色，多为重瓣，花期在 4 月中旬。早樱和晚樱相继开放，延长了樱花观赏期。林内还配植白皮松、红枫、连翘、小丑火棘等各种观赏乔木、花灌木。每年樱花盛开时，满树繁花，盎然枝头，芳香四溢，灿若云霞，十分壮观。

图 7-5　樱花林景观

四、徐州彭祖园园林建筑

彭祖园建筑类型多样，以北方皇家园林建筑形式为主，辅以部分江南园林形式，有机融合，整体庄重、雄伟，色彩艳丽。

彭祖园西门主入口就是一组由牌坊、耳房、回廊组成的建筑群。牌坊为清代官式造法，高 10 米，三间四柱，仿木结构，双层迭檐，四角翘起，斗拱相接，彩绘运用墨线大点金手法，色彩鲜明，多处运用龙锦图案，颇有皇家气派。耳房和回廊（图 7-6）则采用江南园林风格，粉墙黛瓦，起翘平缓，体量较大。建筑组合中间艳丽，两边古朴，整体和谐，颇有气势，标识性强。

图 7-6　回廊与耳房

位于全园中心的彭祖祠（图 7-7）是比较特殊的一座建筑，属于"新汉风"建筑，通过现代建筑设计理念和现代建筑材料重现汉时期建筑的雄伟。建筑背依福山，苍松翠柏植于四周。祠高 11 米，建筑面积为 218 平方米，白墙黑瓦，数十根红色廊柱支撑起巨大的殿宇，红漆彩椽，斗拱相接。祠堂前祭台用青石镶铺，中央置有一尊扇状香炉，整体气氛庄重、肃穆。门上悬挂着巨大匾额，上书"彭祖祠"镏金大字。两边楹联为"寿星不落垂千古，风范长存播九州"，对彭祖做出了至高无上的歌颂，渲染了纪念性建筑的崇高气氛。名人馆（图 7-8）的建筑风格也属于仿汉式建筑，只是由于功能上的要求，名人馆的现代气息更浓烈。这种建筑形式是在徐州深厚的历史文化影响下形成的，是具有徐州特色的园林建筑景观。

图 7-7　彭祖祠

图 7-8　名人馆全景

　　大彭阁是彭祖园的标志性建筑之一，位于彭祖园寿山山顶，高 18 米，建筑面积 450 平方米，是一座大型仿古建筑。大彭阁雕梁画栋，重檐飞翘，琉璃小瓦，富丽堂皇。阁分三层，32 根丹柱支撑着庞大的屋顶，结构独特，从下往上向内收分，似宝塔形，周围设以石栏，凭栏远眺，有"飞阁流丹，下临无地"之感。大彭阁一层为"彭祖寿堂"，约 200 平方米，正门上方悬挂的"彪炳春秋"牌匾赞喻彭祖的功绩青史标名，留芳万古。二道门之上，牌匾"道与化新"四字引于汉代刘向《彭祖仙室赞》，意为彭祖之思想、理念能够不断推陈出新，发扬光大。

　　园内东门入口处屹立着一座大型"大彭氏国"石牌坊。石坊选用上等青石精雕而成，高 11 米，总长 27.2 米，六柱五楼，三层叠檐，石石相扣，不钉不铆，结构巧妙。上雕十只狮子，每座石柱的最顶端各一只，中间两柱基座内外各一只。

在对称的两个石枋门上，透雕着两条巨龙。龙与狮构成了石坊奔放有力的韵律，使整座石坊雄伟壮观，摄人心魄。

此外，由于山水环绕，园内的几座景桥也是特色十足，如位于景观轴线的观鼎桥，桥身长 32 米，宽 13 米，为双座连体汉白玉石桥。桥下一石鼎置于水中，造型古朴威严。白色的桥体与周围绿色的植物景观相互衬托，美观而又大气。从观鼎桥向北侧望去，是一座朱红的平拱桥，正中央为一座半圆形拱桥，桥身为青石砌成，上有朱红色护栏，轻盈地凌驾于水面，亦真亦幻的倒影使原本平淡的水面瞬间丰富起来。

五、其他园林要素

（一）水 体

彭祖园的不老湖水景位于福山西麓，相传彭祖饮此水益寿延年，故称"不老湖"。园内山因水而秀，水因山而灵。狭长的水面被一座平拱桥分割成两块大小不一的水面：北面较圆润，给人以开阔之感；南面水体较为狭长，并布置有小岛、水湾等，幽深通透。站立于桥上，左右观望，风景不同。该湖可谓是彭祖园山水景观的最佳处。

不老湖岸线曲折，水质清澈碧绿。西岸垂柳依依，间植着水杉、黄山栾树、女贞、紫薇、石榴、紫叶李等；东岸北部栽植着大片梅花，南部的花架上缠绕着紫藤、木香，岸边有木槿、紫薇、雪松、垂柳、女贞、野蔷薇、白玉兰等乔灌木，一年四季生机不断（图7-9）。

名人馆西部还有一处下沉式规则水体，南面为跌水景墙，巨大的水声与镜面水池形成对比。四周接玻璃栈道，置于其中，仿佛凌波微步。柔美碧绿的水面与土黄色文人馆的雄伟厚重交相辉映（图7-10）。

图7-9 湖水岸　　　　　　　图7-10 下沉式规则水面

（二）置 石

彭祖园置石较多，有孤置、散置、堆置等方式。孤置景石是单块石头独立成景，在景观环境中作为主题，与草坪、广场等结合布置，如八仙石园置石，其体量较大，轮廓线突出，姿态优美，其中"彭祖寿石"是一块重达5吨的特大蜿螺石，立于群仙之首，其他八块置石则齐拜于前，印证了"八仙拜彭祖"的传说，犹如一幅生动的画面。散置景石即"攒三聚五、散漫理之，有常理而无定势"，三五置石常置于树林中、草坪上、水岸边、园路旁、建筑角落等，有聚有散，主次分明，顾盼呼应，有着石块自然特性的自由。群置景石则应用于山麓、池畔、广场等，疏密有致，虚实相间。为防止地表径流冲刷地面，大片石头裸露于地面，形成生动有趣的景观，或堆叠成小型假山，结合植物，形成主景。

（三）景观小品

彭祖园以纪念彭祖为主旨，因此园中不乏历史文化色彩，如八仙石园、福寿广场、九龙壁等。福、寿是彭祖文化的核心，福寿广场上的"福""寿"刻字各长2.86米，宽2.22米，皆以单块青石板雕刻而成，是目前国内最大的福寿石刻。石刻上面有两幅直径1.6米的石雕图，一幅为"五福捧寿"，另一幅为"双福"图，均取材于我国传统吉祥图案。其间，还有104块字形各异的"福""寿"刻石组成的方阵，真、草、隶、篆应有尽有，如图7-11（a）所示。流水清泉喷出，寓意"大福大寿，源远流长"。不仅如此，就连公园中的灯饰也镂刻着"福寿"二字，如图7-11（b）所示。徐川彭祖园中轴中心点还矗立着气势磅礴、巍峨高大的彭祖像雕塑，这是我国彭祖石雕像中最高大宏伟的一尊。这尊彭祖石像线条粗犷，身着巨幅披风，人像立于巨石之上，神情严肃坚毅，道家束发打扮，既体现了上古氏族酋长含辛茹苦、矢志创业的强悍气质，又蕴含了古代哲人修养有素的道德风范（图7-12）。

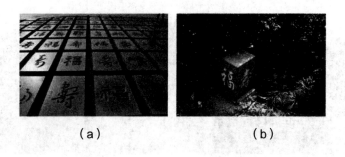

（a）　　　　　　　　　　（b）

图7-11　"福寿"景观

图 7-12　彭祖像

　　此外，徐州人杰地灵，卧虎藏龙。彭祖园的西北角有一处名人馆雕塑群，有古代、近代、现代徐州名人名家雕塑 30 多尊，栩栩如生，让人深切感受到徐州悠久的人文历史（图 7-13）。

图 7-13　名人馆雕塑群

第三节　无锡现代园林景观美学艺术设计

　　无锡古典园林设计在"虽由人作，宛自天开"的设计理念指导下，表现为既有传统的程式，又强调因地制宜的变化，是"一法多式"的园林设计手法。随着社会意识形态和社会生活需求的改变，无锡现代园林在内容和形式上已经与传统古典园林大为不同，更加强调园林"人民性""艺术性"和"功能性"三者的有机统一。而且，现代生活复杂多样的园林功能需求以及新理念、新材料、新技术的使用，促使现代园林设计呈现出新的诠释和设计特色。通过第三章对无锡现代园林案例的归纳、对比、分析可以发现，颇具无锡地域特质的设计特色主要表现在园林选择地址和场地设计、园林规划和布局形式、园林设计要素和景象构成三个方面。

一、园林选择地址和场地设计

我国传统古典园林谓之为"相地",包含两层含义:一是选择用地,即选择地址;二是对地基地形、地势和周边环境进行深入勘探和构思立意。其作用相当于现代园林的选择地址和场地设计。

选择地址是对场地进行勘探、选择,是现代园林设计的首要步骤。然而,城市工业化进程、人口密度的膨胀使城市用地越来越紧张,现代设计师对园林基址的选择自由性很受局限。尤其是在城市化进程较高的市区,得天独厚的自然环境不可多得,这就要求现代园林将选择地址的研究范畴拓展到城市规划布局的宏观调控上。场地设计是对场地的认知、挖掘、诠释、改造和创造的过程,是设计者与场地的"对话",它奠定了整个园林设计特色的整体基调。

现代设计师强调设计场地中隐含的特质,重在挖掘场地历史的、文脉的或自然的属性,关注城市与自然的关系,关注社会与环境的关系,强调人造环境与自然环境在同一空间的和谐共处,通过维系社会、文化、环境三者之间的平衡构建动态的新型城市生态学。因此,场地设计贯穿整个园林设计的始终,其目的在于挖掘场地的"异宜"(异宜是指环境间的差异),对场地中各个要素的有机组合,充分利用场地资源,挖掘场地的潜能。

从空间分布上分析无锡现代园林,生态公园、专类园和主题公园多选址自然山水环境较好的区域;综合性公园功能复杂,其作用尤其侧重满足城市居民的就近休闲游憩的需求,因此多选择城市内或靠近城市周边自然环境较好的区域;而遗址公园是依托遗产古迹遗址造园的。另外,锡惠公园、西水墩文化公园、鼋头渚公园、青山公园等体现了依托文化名胜区选择地址建园的特色。由此可见,无锡现代园林选择地址的特点主要体现在三个方面:依托山水自然环境,围绕文化名胜古迹区和综合性城市用地。这三方面不同基址的场地处理又呈现了不同的设计特点,下面通过典型案例进行分别论述。

(一)依托自然山水环境的场地设计特色

园林的基址环境影响了后期的园林空间营造,自然山水环境优美的区域自古是园林开发建设的首选之地。《园冶》中《相地篇》将园林基址分为"城市地、山林地、滨湖地、郊野地"等,其中"唯山林地最胜"。无锡的寄畅园之所以能取得较高的艺术成就,是因为其选址环境绝佳,并结合地形和周边环境进行了有机安排、组织园景。寄畅园选址惠山脚下,位于惠山寺北侧,邻近运河,具有东西狭窄、南北引长的特点;园址与东南角的锡山互为借景,山景突出、地势幽僻;场地上方有天下第二泉的水源，下方有河塘泾作为出口，名泉活水，水源充沛；场地植被茂盛，花木古树相映成趣；与无锡城距离较近，符合江南文人"大隐隐于市"的园林生活追求，如图7-14所示。

寄畅园在园林构思上重视园林和大环境的结合，依托优美的自然环境，因地制宜的造园，巧妙借锡山、惠山山景将园与自然进行有机地融合，建造了质朴自然、清幽旷古的山麓别墅园，其"相地"之巧妙使园林设计取得事半功倍的效果，并对无锡现代园林建设中的规划、选择地址奠定了基础。

图7-14 无锡寄畅园选择地址与环境分析图

无锡的城市主体位于太湖之滨，有着优越的自然山水条件，其中山林地和滨湖地比较常见。例如，锡惠公园、杜鹃园、青山公园等选址锡山、惠山山麓，梅园、古梅奇石圃选址横山、浒山之间，灵山文化园、宝界山林公园、龙头渚公园均依山而建，惠山国家森林公园、吼山森林公园、斗山森林公园则借山而建。又如，长广溪湿地公园、蠡湖中央公园、蠡湖大桥公园、双虹园等20多个滨湖园林环绕蠡湖形成蠡湖风景园林带。由此可见，无锡园林发展至今，仍旧秉持传统，崇尚自然，依托"真山真水"营造山水园林，体现了"天人合一，景园交融"的造园思想。

在对依托自然山水的场地的把握和理解上，无锡现代园林颇具传统古典园林的设计特色，善于把握和利用场地原有的自然环境，借自然山水的形势在园中进行建筑、山石、水体和植物的经营布置，因地制宜地营造现代园林景观。例如，中国杜鹃园和江南兰苑的原场地都有起伏的地形，设计中因地制宜地利用土涧斜坡进行改造和疏通，形成自然环境与人工设计相得益彰的园林设计；古梅奇石圃的西侧地形复杂，通过设计形成一连串的院落并布置以梅花石景，构成空间层次丰富的赏梅带。

选址山林地的中国杜鹃园位于惠山东麓山脚，映山湖西南侧，占地面积仅2.13公顷。园址原为一片荒芜的山坡地，西高东低，西半部坡度斗斜，向东坡度平缓降低，基址中散布若干水塘。该园林的场地地形和周边环境复杂，其中地形有两个设计难点：一是园内地势中段突降 1.5～2 米，自然形成一段驳坎，设计根据地势西高东低所形成的小气候进行植物的搭配，种植杜鹃，形成一处以杜鹃花造景为主的坡地——醉红坡；二是园内两条自西往东、由上至下的"V"型土涧，土涧宽度约 4～6 米，深度约 2～4 米，中间部位南北纵横的土涧将园内西部的坡地分割成两部分。杜鹃园在设计中对场地进行了分析和构思，利用叠石将空间改造成一段人造山涧旱溪，并在山涧背阴处种植兰花，梳理东部水塘，形成一块较大的水景与旱溪相连，巧借其倾斜的地形特征将园内水系进行分级处理，通过设立溢水坝抑制和疏导水位，形成不同层次的水体景观，并通过水体间的相互沟通和联系将园东西、上下两部分有机地组合在一起，连接处通过改造地形高差形成叠水。整个场地设计仿佛与自然山体地形融为一体，不大的空间被分成三部分互相联系的空间。

杜鹃园的周边环境兼有利弊：东西都与锡山、惠两山对峙；北部靠近春申涧处的一片竹林，景观较好；南部靠近轻工业学校的实习工厂，水塔筑立；东南部民房错杂，不堪入目；东北角已建成温室一组，其前为盆栽生产地。通过对场地周边环境的分析，基于"俗则摒之，佳则收之"的设计原则，园内东部设置大草坪，形成开阔的空间，引锡山远景于园中；西南部密植高大乔木，形成天然屏障；在北部竹林处设置园路，自然营造幽深意境。杜鹃园设计之精妙可见设计师李正对杜鹃园造园场地的把握深度和对其与周边关系的妥善处理，在对原场地的深入挖掘和理解下进行的保护性改造和创新不但营造了山林野趣的自然氛围，而且总投资仅 90 万元，大大节约了造园成本。

选址山林地与滨湖地之间的宝界山森林公园是依宝界山而建的，位于蠡湖与长广溪交界处的宝界山谷狭缝处，尺度较大，设计中利用自然山林和山体形态将其人工改造形成溪涧，溪涧随山势而下延伸至蠡湖，利用山体地形高差或人工叠石形成瀑布或跌水，在景观节点处点缀建筑小品，这种对自然景观的稍加梳理既强化了自然山林野趣又兼顾了山林防洪排水功能。另外，在充分考虑了场地与周边环境的关系后，通过巧妙的借景便园林空间与自然环境进行了有机融合：宝界山、蠡湖和蠡湖沿岸城市边界线形成丰富的空间组合层次，将近处的山景、中部的水景、远处的城市轮廓融为一体（图 7-15）。这种场地处理手法将山林景观的整体性与其周边区域间的相互关系考虑到设计中去，充分利用了既存景观资源与地形条件，强调设计结合自然。

图 7-15 宝界山森林公园

依托蠡湖形成的环太湖风景园林带，以位于蠡湖内湖沿岸的蠡湖之光为例，滨湖地园林塑造往往以湖为中心，充分考虑"城—湖—园"形成的整体格局，利用滨湖沿线的轮廓线或联通湖、城、园的通道等使三者之间相互沟通。无锡对滨湖地的场地现代园林设计注重亲水体验，或是沿湖岸线构建亲水平台或是提供水上游乐设施或观景廊道。其中，位于"蠡湖之光"景观带的渤公岛生态公园是结合退渔还湖工程（原犊山大坝东侧）围筑而成的，集生态公园、人文风情、水利工程三者于一体，占地面积约 37 公顷，南北长约 1 700 米。渤公岛在设计中充分利用岛屿周边沿岸生态湿地系统进行生态修复和景观组织，并通过渤公遗廊自北向南联系整个渤公岛生态园，形成人工造景与自然岛屿的联系纽带，建成无锡公园最长的遮阳廊和风景廊。

由上述分析可见，无锡依托自然山水营造现代园林的场地设计主要体现在：第一，尊重自然，善于借自然山水之势营造园林景观，设计多侧重对场地自然属性的保护、利用，注重现代园林的生态性表达；第二，追求和谐的人地关系，通过人造景观与自然景观的结合，建立场地使用者与大尺度环境的空间关联；第三，强调园林与城市的"对话"，园林不是孤立的存在，而是城市的一部分，往往通过"借景"的设计手法丰富园林景观，使园林与周围环境与城市获得自然融合，形成"山—水—城"三位一体的城市景观。

（二）巧借文化名胜遗迹的场地设计特色

无锡是吴文化的发祥地，开创了吴文化的先河，同时兼具独特的近代民族工商业的文化、近期鸿山遗址、阖闾城遗址等的发现，丰富了无锡的文化内涵。无锡城坐拥山水腹地，山水和城市两千年的对话赋予自然山水独特的人文气息，无锡山水俱佳处兼具丰富的人文名胜，这是难能可贵的园林文化源泉。

早在民国时期，借助文化名胜区或古迹建园就已蔚然成风，如王心如依鼋头渚建太湖别墅、王禹卿以范蠡西施旧说傍蠡湖而建蠡园、荣氏兄弟扩旧居布芳香之梅园，围绕文化名胜建园选择地址是无锡古今相承、颇具地方特色的现代园林又一特点。无锡对周边拥有文化名胜或遗址类的园林场地的设计主要以继承和延续传统文化内涵为主或通过借景形成传统与现代的对话。

"借景"是传统园林延长景深的常用做法，它将不属于园林规划设计范围内的景观组织到园景中来，对既定范围内的园林场地进行创作，并将之置于周边环境中，充分利用环境中的有利因素，以丰富园林的艺术空间效果和层次，体现人工环境和自然环境相融合的整体观，这是中国园林创作的根本思想。发展到现代园林阶段，"巧于因借"被赋予了新的含义，"借"不止局限于对周围自然环境景致的借用，同样适用于赋予园林作品所承载的内涵"意义"上。相比纯粹的风景园林，无锡现代园林注重挖掘人文景观，巧借人文景观之胜营造颇具无锡园林文化气息的现代园林。

中华人民共和国成立后承建的第一个综合性公园——锡惠公园，是集人文景观之胜发展起来的，它所处的惠山东北麓位于依山面湖的形胜位置，又有山坞可以藏风聚气，且林木滋茂，清泉流淌，是古人心目中的风水宝地。锡惠公园开发建设之初，惠山、锡山已经有 100 多处宗祠、庙宇，并有二泉、寄畅园、龙光塔、惠山街等名胜古迹，是无锡传统的名胜游览区。锡惠公园在设计中充分考虑到场地丰富的人文资源，以名胜古迹为主体，将原有名胜古迹、宗祠庙宇、荒山洼地整修改造，形成现代与传统相得益彰的园林布局，即西北部是古典园林，东南部是现代公园格局。锡惠公园整体设计风格以表现自然风貌为主，将远景锡山作为构图中心，龙光塔为特征，突出主题，在统一中求变化。在整体风格上，锡惠公园与原有的文化名胜达成统一，成为连接锡惠名胜和自然山水的过渡和延续，传统园林成为现代园林的设计依托，形成现代设计与传统园林相得益彰的园林空间格局，赋予无锡城市园林深刻的人文气息和精神内涵。

近代园林蠡园扩建起来的层波叠影区位于太湖的内湖——蠡湖之滨，面临千顷碧波，背倚平畴沃野，所有建筑物及景点均面湖临水，水景极其丰富，是欣赏湖光山色、柳岸芦汀等自然湖滨野趣的绝佳位置。而新区邻近老园，立地条件与老区基本相同，有进一步发挥水景特色优势的潜力，但由于新区临湖风景最佳的一面已被原有长廊分割成两部分，新建景观势必呈现内向型空间趋势。新建的层波叠影区在对场地的设计构思中，主要因地制宜地根据该处原有的鱼池、河流与陆地等地形地貌的特点进行合理规划，发挥小水面的长处，创造出水色弥漫、景色旷远的不同层次的滨水景观，并与旧园已有景观形成对比，彼此之间互为增补，获得了多样统一的园林空间效果，实现了现代设计思维与传统园林设计元素的有机融合（图 7-16）。

图 7-16　蠡园扩建新区范围及环境关系图

　　由此可见，无锡现代园林注重对人文名胜的保护和对人文内涵的挖掘，其场地设计处理方式主要有两个方面：第一，通过引连或者直接将文化名胜纳入现代园林的设计范畴，通过植物、地形设计等与文化名胜形成一段过渡带，整体风格与文化名胜区风格一致，局部进行创新；第二，通过借景的方式将文化名胜与场地产生联系，其场地设计重点在于处理好新园与旧园的关系，新景点与旧景点的过渡、交替、脱卸、衔接，并在不破坏旧园整体风貌的基础上体现现代设计与传统设计的对立统一。

（三）强调人工改造的场地设计特色

　　现代园林设计已经成为构建城市绿化系统的重要组成部分，园林成为构建完善的城市绿化系统，建立和恢复城市生态的有效途径。另外，为了能够满足居民对城市园林的需求，往往需要在人口密度较大的区域增建园林。

　　吟苑公园在 20 世纪 50 年代曾被辟为花圃，其地形平坦，可供借资的自然资源较少，周边三面环路，且位于交通节点处，环境嘈杂，基地环境基础较差。在这种地势平坦又无较好自然山水基础的场地环境下，吟苑在设计之初首先对场地进行了必要的地形改造，试图通过人造模拟自然山水情态将场地不利条件进行妥善地改造和处理，包括在场地中部开挖池塘，形成较低的地势，通过营造平远开阔的水景形成一个休止静态的空间，扩大园林的空间层次；四周利用池塘的土方堆土叠山，形成较高的地势，山坡处密植乔木、灌木，自然呈现出一片天然的绿色屏障，以便减少周边嘈杂环境对园内空间氛围营造的影响，创造"闹中取静"的园林空间氛围；场地中间低四周高，利用"引申视距"的设计手法将远处的锡山、惠山景色收入园中，营造"小中见大"的空间格局。

　　位于崇安寺商业街的城中公园，原为近代公花园旧址，在选择地址上具有借文化名胜造园和强调人工造园的双重属性，该园经过 1979—1984 年、1995—2000

年、2005—2006年3次改造，已经形成了小桥流水与崇安寺步行街区既分又合的城市园林格局，其颇具城市山林的特质成为整个景区的绿核，与崇安寺街区的现代化商业街区形成了空间氛围的对立统一，是无锡最能体现城市与园林关系的综合性园林。该园场地城市化进程高、商业氛围浓厚，通过人工改造、挖池筑山形成以龙岗假山和白水荡为中心的传统山水园，西北部则设置艺术广场、水景广场、儿童乐园、寺后门的绿化广场及休息设施，满足商业街区人流集散和游憩的需求。

锡惠公园映山湖原是锡山、惠山之间的秦皇坞丛葬地，地势低洼不宜绿化和改造。考虑到锡惠公园的地形地貌，随地势按适当等高线挖深放大湖面区域，将湖改造成一块夹在山脉之间面积约14 000平方米的人工湖——映山湖，这样不仅弥补了锡惠公园"有山无水"的缺憾，形成了开阔明朗、曲折变化的水域空间，还由于当时无锡市区填河筑路的土壤需求，湖中挖土的土方得到了有效处理和利用。映山湖水域开阔，山水倒映成趣（图7-17）。

图7-17　锡惠公园映山湖

由此可见，无锡现代园林的基于人工改造的城市综合性用地，其场地设计处理方式主要表现在：注重园林与城市以及周边环境的关系，从园林的功能定位和属性出发，重在把握场地的主导要素，通过人工改造模拟自然山水环境或创造园林景观空间环境，充分利用场地的有利因素，创造营建园林的设计境域。

综上所述，无锡现代园林选择地址的特点主要体现在对园林资源的利用上，主要包括三个方面：自然景观资源、人文景观资源和人造景观资源，其中较多选择有着独特景观特征的场地，遵循依托"真山真水"的自然资源营建园林。而对场地的设计特点体现在：追求"造园无式，妙于因势"，对场地本身采取"因地制宜"的设计原则，对周边环境遵循"巧于因借""俗者摒之，佳则收之"的设计原则。这就要求在对场地充分了解的基础上，对场地信息进行筛选和构思，挖掘场地的潜在属性和特征，并将之归纳总结，形成提取园林设计元素的基础和灵感来源。正如中国传统园林追求的"虽由人作，宛自天开"的园林境界，就是要真实地、具体地、深刻地反映自然。

二、园林规划和布局形式

园林的规划形式取决于使用功能需求、场地的自然条件和环境条件、意识形态以及艺术传统。中国传统园林布局得益于中国山水画的创作理法，"山水章法如作文之开合，先从大处定局，开合分明，中间细碎处，点缀而已"，强调山水布局应从整体出发，再考虑局部细节，布局特点讲究"宾主分明、主景突出""相反相成，多样统一"。无锡传统园林空间尺度一般不大，其规划布局追求紧凑多变、步移景异，往往试图在有限的空间里创造无限的游赏画卷。以寄畅园为例，其为山麓别墅园，面积 1 500 平方米，主要供园主游憩用，全园以水（锦汇漪）为中心，沿水岸线布置平桥，串联以亭、廊、轩、舫，整体规划布局追求紧凑多变，据记载有 20 处景点，可见园林设计试图在有限空间内通过山、水、植物、建筑的组织获得步移景异、移步异景的视觉效果，表现出"咫尺山林"的传统园林欣赏美学，是该阶级层次生活方式、意识形态和价值观的真实写照。无锡园林在历史的发展演变中形成了"小园林，大环境；小天地，大自然"浑然一体的园林格局。

现代园林是服务大众的共享空间，作为现实的物质生活环境，需要满足由多个群体组成的更加复杂的空间功能需求，而功能定位进一步决定园林空间的属性，最终反映到园林的整体规划布局和空间形式上。无锡现代园林不同的园林类型在规划布局上表现出各自的特点：综合公园侧重对设计场地的整体把握，注重实用性、公众性和多功能性，其规划特色表现为景题分区，多以"园中园"的形式相互引连、套嵌，形成大园套小园的空间格局；植物专类园往往以"园中园"的形式存在，在规划布局上注重观赏与生产、研究结合，园林空间格局精致、极尽巧思，对游线布置要求高；主题公园注重游乐性、娱乐性和体验性，整体规划布局根据主题设定呈现不同的空间格局，一般以仿照古代宫殿、军营等为主；生态园林追求人与自然的和谐，注重对自然园林环境的生态保护恢复，整体规划布局自由开阔，多设置观景平台或步道引连景点；遗址公园侧重对遗址的保护、研究和遗址文化传播，整体规划一般围绕遗址周围展开，整体空间形式有较为明确的中心。概括起来，无锡现代园林规划布局的地域性特色主要通过强调整体规划的景题分区和注重推敲细节的"园中园"表现。

（一）整体规划为主——景题分区

现代游憩功能较为复杂，如满足多种游憩功能为主体的综合性公园和主题公园一般规模较大,一般在 50 公顷左右,生态园林有的甚至达到 900 多公顷。园林规模较大就需要在设计中考虑整体规划,因此布局多根据不同游憩活动、具有不同特色的景观进行功能分区或景题分区,结合自然地形和人工改造把大的景观空间分割为几个小的景观空间,然后通过游览路线连接成一个整体,组成各种不同的连续画面,一般尺度比较大。

景题分区是无锡现代园林进行规划布局中较为常用的处理手法,一般在设计中注重整体规划,各个局部特色鲜明;注重功能分区与游览空间相互关系,形成两者兼顾的连续空间序列;在设计中,由于功能需求和受众群体的多样化和复杂化,需要综合考虑不同形式的空间营造和不同时间的氛围营造带给人的空间感受,还需要考虑人在空间里不同的活动状态对空间氛围营造产生的影响以及人在空间中的感官的变化。

例如,鼋头渚公园位于太湖与蠡湖之间,面积接近 3 千米,20 世纪 80 年代,鼋头渚公园经过统一规划布局,面积进一步延伸,并通过精心构思园景形成了综合性、多功能的风景名胜区。由于鼋头渚公园规模比较大,在规划布局上主要从整体把握,将园区景观划分为一个个独立的景区,包括"十里芳径""充山隐秀""鹿顶迎晖""鼋渚春涛""太湖仙岛"等,每个景区自成小园区、各具特色,充分展现鼋头渚景区的山水自然景色和人文遗风,例如,"充山隐秀"以植物造景形成的自然野趣取胜,包括春花区、夏阴区、聂耳亭、菖蒲园、挹秀桥等。又如,"鹿顶迎晖"则以远眺太湖壮美景观取胜,包括呦呦亭、舒天阁、金沤亭、环碧楼、范蠡堂等组成的建筑群,形成山顶的观景平台。再如,"鼋渚春涛"横向自太湖绝佳处牌坊至广福寺,纵向自山巅的光明亭,包括涵万轩、小函谷、长春桥、藕花深处、咏芬堂等,该区以"天然风景为主,人工点缀为辅",形成自然开阔的空间格局。各个景区又追求整体风格的统一,通过园路、游线相互联系,串联形成一个完整的游览路线,体验郭沫若笔下"太湖绝佳处"沿岸真山真水的自然风光。

又如,作为无锡人流量最大的公园之一,为了满足复杂的游憩功能需求,锡惠公园经多次修正规划,经过 2010—2011 年的改造,全园分为四个游览区:锡山南麓为游乐活动区;映山湖之西是以仿古山水园林"愚公谷"为核心的宁静休息区,春申涧纵贯其间;园的北部为"天下第二泉"及惠山寺旧址等构成的文物古迹区。由此可见,锡惠公园在整体规划布局上,根据不同的游憩需求进行了功能分区,不同区域各具特色(图 7-18)。

图 7-18　锡惠公园

（二）推敲细节为主——园中园

小尺度园林的布局较难把控，若设计营造不善，往往会令游者感到局促拥挤，枯燥乏味。陈从周提道："园林的大小是相对的，园林空间越分割，感到越大，越有变化，以有限的面积创造无限的空间。"相对于以复杂的游憩为主体地专注于某一特点功能的现代园林，小尺度园林的功能较为单一，尺度一般不大，往往以"园中园"的形式存在于综合性园林中，并独立成园。

"园中园"不仅是一种园林布局形式，还是一种园林设计手法。这类园林设计一般采用传统自然山水园的结构，将小园组织到大园中，化整为零，再集零为整，规划布局主要通过刻意经营每个局部形成"小中见大"、移步换景的多层次游览空间，如寄畅园仅有一山、一水和一两个建筑群，但空间小中见大，形成了有限面积的无限空间——有限园址范围与无穷的自然风景的对立统一。集锦园式布局是传统园林中常见的形式，对无锡现代园林有比较深刻的影响，其中植物专类园多以"园中园"的布局形式出现在综合性公园中。

例如，江南兰苑是以园林游赏和生产科研相结合的植物专类园，面积仅 1.3 公顷。考虑到游赏性要与生产相结合生产，全园在总体规划布局上结合传统庭园的设计方法，围绕水面展开空间布局，水面开阔，形成一个有扩大空间作用的休止的聚合空间。全园以水池为中心，将苑内规划成前庭、兰室、展览荫棚、艺圃 4 个小区域，每个区域由单独的不同空间形式的庭院构成：前庭采用"宜藏不宜漏"的设计手法，通过四面高墙围合成一个封闭的空间，园路密植幽竹，营造山林幽深的氛围；兰室是一组由若干小亭组成的三面环水的半封闭式院落，入口及艳绿、春藻二景门又起到了组织空间、景区间相互渗透的作用，环水三面设开敞走廊，前庭、兰室、艺圃相互渗透，形成空间序列；展览荫棚是由一个封闭温室的花棚和一组由三个建筑单体通过廊道连接而成的建筑群组成的，两个建筑组合之间通过一个高差较大的山坡分割，山坡植以树木植被，相互掩映，虚实相生。园内面积虽不大，各个庭院之间相互渗透，形成了"小中见大"的园林格局。

又如，吟苑公园以欣赏盆景为主，也是庭院式建筑，总体规划以中部人工开挖的水池为中心，形成七成为游览庭园、三成为产圃地的格局。根据吟苑欣赏盆景的功能要求，游览区由盆景展示区和花卉区两部分组成。在规划布局上，形成闭锁的庭院空间向开朗空间的转换：前段通过建筑、粉墙、土丘分隔成若干大小各异、形态多变的小空间，便于引导游人视线集中于盆景；后端是一块开阔的草坪，根据植物配置进行微地形的处理，形成开阔的视域。吟苑公园布置精巧，将远山、近水融为一体，虽然园林面积不大，但通过空间的合理划分和对空间尺度的把握形成了丰富的空间层次，是对"小尺度，大空间"的典型阐释。

综上所述，无锡现代园林在规划布局上有满足复杂功能需求的景题分区，也有追求精致化设计的"园中园"，前者注重园林的整体规划，后者注重局部细节的推敲把握，这两种规划布局并不是独立的，而是相互穿插、嵌套，形成了无锡现代园林丰富的园林空间层和独特的"大园林"设计观。在空间形态上，无锡现代园林侧重整体规划布局空间，具有较强的开放性、流动性、可塑性和包容性，但一般设计比较粗犷，重在对自然景观的塑造和提供游憩活动的功能平台；而"园中园"则相对比较封闭，具有较强的针对性和观赏性，设计精良，是对传统园林继承和发展的比较成功的规划布局方式。在诸多现代园林实践中，植物专类园是可以代表无锡现代园林发展水平的典范，它很好地将传统的造园理论和方法与现代园林设计进行了有机结合，展现了现代设计思想与中国传统园林文化的融合，是探索具有传统意义的现代园林设计的重要实践类型。

三、设计要素和景象构成

园林是"人造的第二自然"，人造的过程是对园林设计各要素的处理和组织过程，最终形成"自然"的视觉表象。传统意义的"园"是在围合的空间内进行组合建筑，而具有公共属性的现代园林则柔化了传统园林的"围合性"，园林不再局限于有限场地的边界实体，甚至力图通过园林设计要素营造出有限空间向无限空间延伸的景象，强调通过园林要素的有机组合形成空间的整体性、开放性、流动性、无限性。

景象具有空间性和时间性，空间的静态形式与时间的动态连续过程关联，并产生多样的节奏变化，形成四维的空间系统。

由各个园林设计要素组织所构成的景象，反映到空间上就形成起、承、转、合的空间层次，表现为空间的序列、调和、导引和聚合，如上文中提到的江南兰苑，在对园林规划布局的过程中，通过各个建筑围合的空间组织形成空间的序列，通过植物组织构景完成空间的相互调和，形成或开或合的过渡空间，水体则往往成为空间的聚合的中心，最终借助建筑、水体、园路、植物等园林要素的有机组合反映园林的空间形式、内容和特质，而园林景物的轮廓线形，景物的形体、色彩、明暗、静态空间的组织、动态风景的节奏安排又反映形象各异的园林形式。

（一）建筑组合和空间序列

在江南传统园林中，园林艺术体现了人与自然对立统一的关系，表现为建筑与自然景观的有机融合，园林中的建筑并不是单独存在的，建筑是包括建筑在内的更大范围内的关系而非实体本身，建筑、自然和人等要素间的关系成为设计的重点。而这种关系的设计重点在于对景观空间序列的组织和把控。景观的空间序列是指通过组织运动的人对所处环境形成的抽象认识和整体认识而进行的空间组合，强调各空间之间的组织方式与人动态体验之间的联系。

以无锡传统古典园林为例，其园林空间一般是院落式的封闭空间，为了实现建筑与自然的有机融合，一般通过一系列的空间序列的组合与周围环境形成联系，最终达成在建筑空间中步移景异的效果。而半封闭、开敞的不同空间之间的连接、穿插又形成不同明暗、远近等诸多变化，从而形成了空间与自然相互融合的契机。这种空间给游人带来的步移景异的体验就形成了景观的空间序列。无锡传统古典园林对山、水、建筑的组合搭配之法有很多值得斟酌、推敲和学习之处，无锡现代园林中专类园较好地汲取了传统园林的建筑组合与空间序列的处理法则。

以中国杜鹃园为例，园内建筑由一堂（云锦堂）、一轩（绣霞轩）、二亭（照影亭、枕流亭）、一坡（醉红坡）、一涧（泌芳涧）、一廊（蹀躞廊）等串联组成，枕流亭是一歇山顶长方亭，亭横跨泌芳涧尽端，亭下叠石为石洞，紧连泌芳涧末端；云锦堂是全园主景建筑，体量最大，堂前设有平台并与泌芳涧紧邻；正对醉红坡，设石洞可通下方泌芳涧，堂后隔小院，设温室及花圃；绣霞轩与照影亭连为一体，前轩后亭，轩前有缓坡草坪，亭前设水池——涧池与泌芳涧连接；蹀躞廊连接枕流亭和云锦堂，廊身随山势曲折，循廊向南折东，廊身放宽做面阔三间的敞轩，轩东西走向，面对泌芳涧，设石蹬道，下通泌芳涧涧底；映红渡廊桥是横跨在泌芳涧上的一座仿古拱桥，连接绣霞轩和云锦堂。由此，绣霞轩、云锦堂、枕流亭由映红渡、蹀躞廊顺应地势起伏串联成一个整体，围绕泌芳涧形成一个半封闭的内向型空间，使泌芳涧成为整个空间的视觉中心，解决了原场地一分为二、西高东低的空间劣势，化腐朽为神奇，实现了景观空间序列的多样与统一。为了丰富人们步行条件下的动态的空间环境体验，"两廊三建筑一溪涧"的建筑组合内部又各自以一个建筑为主体形成围合空间，形成"开阔——紧凑——开阔——紧凑——开阔"的景观空间序列。

（1）绣霞轩和照影亭连成一体，与轩前草坪、亭前水池形成一组庭院空间组合，轩前开阔的草坪尽端是一几近垂直的土坡，形成封闭空间；亭前水池开阔疏朗，引连远处沁芳涧；一轩一亭之隔，却形成了"一收一放"的空间对比，轩前的宁静与亭前的疏朗形成对比，空间的节奏和变化加强了人的空间体验。

（2）云锦堂与醉红坡形成一组仅供静景观赏的闭锁空间，此堂吸收苏州园林鸳鸯厅南北朝向、鸳鸯对合的做法，趋利避害，引导景观视线朝向醉红坡，堂内建造空间与涧坡空间又通过檐、廊、平台进行过渡，将建筑引连自然景观之中，并与醉红坡开敞的景观形成对比，在坡上堆叠土石，增加山坡台地的高度，与沁芳涧高下对比，虚实互异，相辅相成，形成景观高潮；堂前平台与沁芳涧高差近3米，涧底狭窄幽闭，对比形成较高垂直高差，凸显建筑的体量和气势，强烈的对比形成引领整个空间的高潮部分。

（3）位于全园最高点的枕流亭，建筑体量虽小，却是俯瞰全园的最佳空间，山坡开阔的视野与涧底狭长深邃的空间尽收眼底，自然形成两个不同空间层次的对比。另外，连接三个建筑的映红渡和踯躅廊是顺应山势而建的爬山廊，起到规范空间和引导游人视线的作用，并通过顺应山势起伏的爬山游廊的设置形成分割空间的过渡带，巧妙利用传统造园技法中的框景，动观与静观协调统一，丰富空间内容，形成似隔非隔的空间划分，使造园艺术效果得到升华。

由此可见，中国杜鹃园的建筑组合空间自由活泼，是具有传统园林逻辑结构的景观空间序列：建筑围合成的空间成为全园的景观节点，形成具有逻辑关系的景观空间，虽然这个景观空间没有通过实体的墙进行围合，却形成与传统园林界定明确又相互联系的园林空间相似的空间模式。杜鹃园景观空间序列的形成一方面来自设计师的巧妙构思，另一方面与杜鹃园它所处的地形地貌也不无关系。除此之外，无锡现代园林中由建筑组合形成自由景观空间序列的现代园林还有江南兰苑、古梅奇石圃、吟苑公园、综合公园如锡惠公园的映红渡等，主要应用于专类园中。主题公园如唐城、灵山文化园的建筑空间组合则呈现出层层递进的景观空间序列关系。而生态园林的建筑则趋向于比较弱的姿势，一般较少出现，往往通过区域、路径、节点、界面和标示物等要素构成空间序列，形成景观空间序列的节奏变化。

（二）植物配置与空间调和

园林是空间和时间统一的客观存在形式：园林的规划设计是动态的、持续的，具有时序性；园林具有时空的双重属性，是空间的艺术，也是时间的艺术。植物是园林中具有生命的重要园林要素，其生长和繁衍是园林时序性的灵魂所在。因此，日升月落、四季更替借以植物生长的态势表达，使静止的空间产生不同的情态。

植物是形成园林地域性差异的重要组成因素，它在不同的地域展现当地的地域面貌。植物具有时序性，随季节性改变表现不同的特征，最终形成景致各异的空间情态和不同时序的空间感受。园林建筑与自然的环境往往会形成比较尖锐的对比，两者的过渡和调和就比较重要了。调和是指将多个不同功能要求或不同艺术形式的局部求得一定共性与相互的转化。无锡植物资源丰富，植物在园林设计中占有很大的比重，园林设计强调通过植物造景进行空间的调和，是解决人造环境与自然环境矛盾的主要手段和方法，主要表现在三个方面：

（1）通过保护利用场地古木乔棵并进行小心收拾烘托整体的空间氛围，如杜鹃园保留园中原有的树木乔棵，自然形成林木葱郁的古园之风，将其组入园景中与建筑空间形成穿插互补，自然形成了山林野趣，将建筑空间赋予了时间的特征，奠定了园林空间氛围营造的主基调，最终引起人与空间的共鸣。

（2）通过对植物的空间组织进行空间层次的划分，形成明暗、色相、冷暖、虚实、远近等空间上的对比和过渡，如在沁芳涧地势低洼处种植兰花，山坡处种植杜鹃，搭配以乔木和其他花草灌木，山下幽幽兰香，山坡杜鹃热烈，使整个空间高下呼应，形成视觉感官的突变，调整整体空间的氛围。

（3）通过植物对景观视线的调节作用进行适当的配置组合，以完成场地空间和周边环境关系的调和，改善场地与周边环境的关系：遮挡周边环境不良的因素，突出周边环境较好的景色，如濒临蠡湖的园林长广溪公园、管社山庄湿地、蠡湖公园等山水环境较好，在处理临水沿岸时一般选用低矮的水生植物，形成开阔的景观视线；而位于城市中的吟苑、城中公园等则在与周边场地交接处选用高大的乔木与灌木组合，形成一块遮挡不良环境景观的密林。

（三）园路设计与空间导引

园林中的空间不是孤立存在的，空间之间的相互联系、时空之间的相互影响构成了错综复杂的园林构图，作为空间之间的过渡与转折，园路成为联系园林空间之间动态连续序列的纽带。园林作品的艺术审美享受限于游览的过程，游览线路的连续和不连续是一个时间组织与空间发生联系的艺术，各个景象所展示的方位、游人停留的时间长短或者游览的程序反映了园林设计的内部结构。因此，园路是园林景观中重要的空间导引和组织线索，它决定了园林景观序列之间的空间关系，组织景观空间序列的更替变化，对各个景点的展示流程、展示方位、观赏距离等起着重要的剪辑作用。无锡现代园林的园路设计一般呈四种形式：

（1）景点与主园路的关系呈串联式，以一条环形主干道为主，期中串联各个景点形成次干道，空间引导简洁疏朗，对景点的引导具有强制性，选择自由度较低，如锡惠公园和鼋头渚公园。

（2）各个景点分区呈并联式，往往由多个环形的主干道围绕功能分区套嵌而成，每个环形主干道通过多条次干道串联牵引形成多样的选择性，缺点是面积较大的园林容易迷失方向等。

（3）主干道呈现线性关系，次干道发散呈现放射状，此类道路设计往往沿滨湖沿线，次干道常使用木栈道形成较好的亲水效果，但动线较长，往返需原路返回，如长广溪湿地公园、管舍山庄湿地公园等。

（5）针对面积较小的园林，多呈现自由式布置，主干道是联系全园的纽带，次干道形式多样，回环往复，创造丰富的引导空间，缺点是适用性较低，一般用于尺度较小的园林或景区内部。

（四）水体设计和空间聚合

无锡现代园林多是自然山水园，其在规划布局中反映出一个特性：大部分园林构筑景观追求"四面有景皆入画"的环拱四合空间，即四面为景物环抱起来的空间，而这个空间往往借助水体构成内向型的聚合空间，围绕水体进行全园的景观布置，水体聚而不分，成为全园视线的焦点，如长广溪公园的水系构图，设计通过许多大小不一、有开有合的局部园林空间到达开阔的蠡湖，作为连续序列布局的结束；濒水沿线曲折多变，河道宽度变化受两岸土山林带的影响，产生空间开合的节奏感，一收一放，形生围绕蠡湖为中心的连续的景观序列。

无锡现代园林的这种园林空间构图主要有三个作用：

（1）突出主景。主景往往布置在环拱空间的动势集中的焦点上，如蠡湖环湖带的现代园林，其朝向都是面向蠡湖的，成为一个向心的开放式空间格局，使蠡湖成为主要的视觉景观。

（2）面积不大的空间通过水体空间的聚合丰富整体空间的层次，扩大空间视域，如杜鹃园、吟苑、江南兰苑、城中公园等。

（3）形成过渡空间。长广溪湿地公园、蠡园、蠡湖公园等滨水园林，蠡湖沿岸边界线与城市的轮廓线形成富有城市地域性的空间特征，而水体成为空间引导视线的焦点，形成空间的聚合。

四、园林营造和意境表达

中国园林自古强调自然与人工的结合，自然与人文的结合，正所谓"天地之大德曰生"，追求客观自然界与人的统一——"天人合一"，强调物质空间环境和精神空间环境的有机结合，达成"虽由人作，宛自天开"的造园境界，园林成为满足物质生活要求和精神生活要求的一门艺术。随着生活水平和审美趣味的提升，园林除了满足城市环境、游憩活动等对园林物质实体的需求外，还开始重新关注人对园林更深层次的精神追求。

在有形的物质世界里领悟无形的精神内涵是中国园林强调的"意境"营造的过程。园林是物质的实体，也是个体内心世界的载体，园林对于人而言，是形成人内心世界不同的情感表达的载体。

就园林本身来说，它兼具审美形态和意识形态，即一切园林设计成果的呈现都是设计师将主观意向的审美情趣在客观形态限制的基础上，通过设计创造进行审美形态的物化的过程，并借助各种造园手段将物化的园林艺术作品构建为现实的艺术审美存在；而意识形态是主观情谊和外在物象结合的产物，即地域文化，地域文化对构建地域特色具有重要意义。无锡的地域特色体现在两方面：

（1）中国传统园林具有通过有限的空间阐释无限的内涵的特质，这种哲学观反映到园林的空间布局上则形成了不同层级的空间格局构建和空间情绪表达，如"仁者乐山，智者乐水"这一传统文化的隐喻，将人的品性赋予山水的性格，并将这种情节置于山水空间中进行阐释，强调天人合一的人与自然关系，追求"虽由人作，宛自天开"的园林观。无锡园林得益于"真山真水"的自然优势和丰富的人文资源，自古追求与大自然的高度融合，形成了具有无锡地域特色的整体格局——"大园林观"。

（2）无锡非物质文化遗产丰富，是无锡现代园林文化可以借资的丰富源泉。无锡的真山水、名人、宗教、乐艺、古建等"雅"文化与民俗、风味、商贸、土特等"俗"文化交相辉映，使文化与园林之间存在无数结合的契机。无锡现代园林在挖掘和突出无锡传统文化特质上颇具巧思：将园林媒介本身表现出的诸如建筑、山水、花木等物质元素、社会性人文因素以及园林意境整合成隐含的规律，呈现出生命的形式和特征，如植物专类园在对植物的选用上，利用杜鹃、兰花、梅花等植物的品性进行拟人化处理，形成了颇具中国特色的园林文化含义。

第四节　湖南长沙华雅国际大酒店景观美学艺术设计

一、长沙华雅国际大酒店概况分析

长沙华雅国际大酒店在总体布局上因地制宜、依山就势，酒店利用了自然地貌的特点，整个建筑总面积 12 万平方米，是集餐饮、客房、娱乐、商务、办公、休闲于一体的超豪华生态酒店。环境景观以圭塘河绕区而过形成空间格局，沿河道向两侧展开，这样可以形成多层次、多角度、多视野的环境景观，住宿休憩区域与景观观赏区域有机结合，在两者的交接处庭院边缘设有具有中国风味的长廊，让来往宾客可以和自然环境景观亲密接触，有心旷神怡之感。酒店的三面被建筑包围，朝南一面敞，庭院由建筑布置巧妙划分为两部分，一部分与休闲餐饮和会议厅紧密相连，另一部分与客房别墅区和后院水域紧密相接，通过园路铺设及水中小桥汀步沟通了前厅与后院几大功能区域。

华雅国际大酒店由湖南新华雅集团投资兴建，是融入浓郁江南园林氛围的五星金叶级绿色园林艺术酒店。酒店位于长沙市万家丽中路 2 段 81 号，充分体现了"山、水、洲、城"的生态空间格局。华雅园内古树参天，小桥流水，可垂钓，可泛舟；琼楼玉宇，雕梁画栋，竹林、桃林、柚林、银杏林分布其中，集中体现了人与自然和谐发展的生态主题。山水瀑布、宫廷长廊令居者置身于磅礴大自然中。酒店主体造型由高空俯视凸现的太极图形，立面造型是个性鲜明，有吸纳精华、万物归一之意。华雅园内拥有超过 1 600 年树龄的古树上百棵，集中体现了人与自然和谐发展的生态主题。

长沙华雅国际大酒店位于长沙雨花区核心经济圈内，地理位置优越，自然景观优美。本着对中国高端人群"回归自然"情怀的深刻理解，结合国际最新养生理念和本项目具体情况，长沙华雅国际大酒店试图建造一个自然与环境融合之所。该项目的开发定位不仅迎合当今生态旅游产业发展，还符合当代百姓对生活更高层次的需求。以现有长沙最舒适的城市森林生态居住为基础，将建筑置于树林之间，修整为宁静独立的山庄，成为远离尘嚣的桃源胜地。

二、长沙华雅国际大酒店景观设计分析

（一）先期调研与分析

2016 年 4 月，在长沙进行了实地考察与研究，现状分析调查如下。

优势：第一，快速交通便捷。长沙华雅国际大酒店北临机场高速，南靠劳动东路，西枕万家丽路。奎塘河绕区而行，距离火车站、高铁站及黄花机场车程都在半小时以内，酒店交通便捷，出行方便。第二，城市森林生态环境优美。酒店内绿树成荫，绕圭塘河而过，绿地面积大，生态园内古树参天，负氧离子含量高，景观搭配怡人。第三，酒店配套资源完备，是集休憩、休闲、旅游、观光为一体的大型服务场所，多次荣获"大众最爱之湖南旅游饭店""湖南省最佳星级饭店"及"长沙市旅游产业发展突出贡献奖"等荣誉。第四，酒店建筑设计与景观设计搭配合理，集中体现了人与自然和谐发展的生态主题。

劣势：第一，周边的自然景观资源几乎没有，缺乏大型的公园及休闲设施。第二，酒店缺乏人文设施，历史文化薄弱，文化底蕴匮乏。第三，临近公路及高架桥，车流量大，噪音污染严重。

（二）调查结果分析

长沙华雅国际大酒店将生态园的主入口设在主干道上，入口有一个较大的园林广场，兼集散人流和车流、休憩和交流等多种功能。酒店主楼坐落于广场北面，南面是绿荫环绕的自然生态园林，设计者将一条小溪引入圭塘河连接荷花池，使水流环绕所有建筑，同时在荷花池中央建造亭台岛屿。园林中的奇石、曲桥、亭台、溪径与自然背景格局融为一体。园区内充分利用土地大面积栽种名贵植物，如此高的绿化率和错落有致的空间格局让人体验到现代城市中的自然生态。园区内除必要的修饰外，未设置人工雕琢痕迹明显的景观，尽量营造自然本真的氛围。在园林外围能看到潺潺的圭塘河水，圭塘河上贯穿着一钢拉索桥，桥的对岸连接盐船山，山上种植了大量名贵古树，古树之下配植低矮灌木，构成了一幅绝美的绿景。穿行在蜿蜒向上的山间小道，行至山顶，建有茶文化休闲中心，行人品茶之余，亦可俯瞰整个生态园区的迷人景象。

大型建筑四周植被众多，环境优美，环行车道四周和室外停车场内配植多种绿色植物，结合草坪种植，使整个室外环境显得舒心、自然、温和。园中建筑结

合生态林系统布局，山水交错，相互映衬。整体来看，酒店造型收敛了商业气息，转而强调生态园区的功能性，力图展现典雅、清新的形象，使酒店成为该地区新的标志，同时提升整个生态园的品位。裙房部分以大柱回廊为基础结构，强调整个裙房的虚实、光暗、层次关系，没有刻意设计雨篷，取而代之的是一层用架空手法自然形成入口处的灰空间。酒店建筑主体以淡雅的白色为基调，阳台采用弧形，形成曲面的韵律感。

三、景观要素设计分析

（一）植被要素的景观设计

在景观设计中，绿化的核心就是栽植物。绿化在很高程度上营造了地域特色氛围，也是园林景观中最重要的部分。在自然植被单一、缺乏特色的地区应充分考虑结合当地的气候条件，合理、经济地选择适宜的植物，创造绿化景观。同时，利用植物分隔空间来改善环境质量也是创造休憩基地的一个重要手段。长沙市华雅国际大酒店在绿化景观设计上采用了植物造景的方式，利用不同高度、密度的乔木、灌木等穿插搭配，不仅丰富了空间层次感，还营造出独特的意境。

华雅国际大酒店植被密集，覆盖率高，利用本地优良景观植物、乡土树种是构筑地方特色、降低成本的重要因素。华雅国际大酒店的植物以百年古树为基础，整体枝型较完美，生长过程中呈现不规则的弯曲外形，适合成为单独的景观要素。另外，在一些空间中补种部分彩叶树种银杏、鸡爪槭等，增加了园林景观设计的观赏性，丰富了园林的意境。

在绿化布局上，合理分布、合理搭配是关键。在选择树种方面要因地制宜，就地取材，科学搭配，保证四季常绿，每季有花；重视生物的多样性，植物种群的单一直接影响景观环境，使景观缺乏生气，有效将灌、草有机结合，形成错落有致的空间，有利于群落美感，也能优化环境。

（二）建筑小品的景观设计

在景观设计中，建筑作为主要的构成元素，应充分把握建筑与景观环境的关系以及在景观设计中的地位和作用。建筑不是孤立存在的，它置于环境中，又与周围环境相融合。

华雅国际大酒店在进行建筑设计时，充分考虑了与周边环境相协调的因素。由于其特有的地理位置，圭塘河成为其外在环境的一个规划要点，而住宿休憩的建筑位于主入口，游客所期望的是在休憩的同时，能够享受大自然的清香，贴近自然，因此环境景观应是原汁原味的。华雅大酒店在选择建筑色彩时，注重与当地自然相契合，与项目本身吻合，在选材上本着就地取材的原则，传统材料与现代材料相结合，既能适应景观环境特色，又能为游客提供体验湖南景观特色的机会。

华雅大酒店为了延伸场所的空间感，采用了借景的手法，建筑与入口道路之间有一段高差，由远至近是看不到完整建筑的入口处的。两侧种植了香樟，悠长的引道使人感觉更加幽静，既加强了入口小环境的营造，又使整个区域有较良好的私密性。酒店不仅注意外部空间的营造，还讲究建筑内部空间与外部环境的无边界设计，客房全部设计成落地窗，更多地引入了自然光线，客人通过大幅玻璃窗可以将华雅园美景尽收眼底，开阔的房间、平直的水面使人仿佛置身山野一般，充分达到了建筑内部空间与外部环境无边界的效果。同时，酒店通过内部装饰室外化的手段，利用植物和水体装饰使室内外空间相连，内外景色相融合。建筑形式不断多样化和人们对环境质量的追求使景观设计概念融入建筑中显得尤为重要，单纯的建筑或景观不足以显示其魅力，只有把自然美与建筑美相互渗透，充分发挥景观的作用，凸显建筑风格与造型，才能把两者完美融合，让建筑植入景观环境，让景观影响建筑，达到自然、文化、艺术的一体化。

（三）山水要素的景观设计

圭塘河水景是华雅大酒店的一个亮点，水体景观设计显得尤为重要，它包括绕圭塘河的设计与户外景观水体设计。水是中国传统园林中一个永恒的主题，而"无水不成景"的古说也体现了水的重要性。以水为线索，将多个区域连接在一起，使水体景观成为交通枢纽、各种活动的载体、景观空间的活跃元素，整体看起来自然而不失趣味。在众多景观设计的要素中，水体是最能体现空间个性的，也最能给人们留下深刻的记忆烙印的。

华雅大酒店水体景观设计充分利用区域地形，设计出大小不一的小水景，以茶花、枫香等配植周围，层层叠叠，疏密适宜，再搭配不同的亭台楼阁，形成一个个不同的景观小品，人在林中过，景在心中留。

水景不但能美化环境，而且能起到调节生态的作用，有水的地方才有绿，而绿色生态是景观设计效仿的最高境界。华雅大酒店中水景灵活、流动的特点承担起了组织空间、协调水景变化的作用，其中设置部分动态水景能明确游览路线，给人以正确的方向感。

四、景观搭配设计分析

（一）景观与建筑搭配

华雅国际大酒店建筑以现代建筑风格为主，以精致的建筑风格为主基调，同时结合厚重、沉稳的外墙材质及丰富的立面细部凸显其现代简洁韵味。华雅大酒店吸收了湖南建筑中的特有元素，墙面大面积采用白色，建筑外墙层次错落形成不同层次的虚实空间，墙上开有现代简约元素的大型窗户。华雅大酒店设计采用的是分散式布局，形成院落空间，同时与周围环境相融合，入口处设置入口庭院，采用山水园林式手法，然后进入酒店大堂，休憩后可以再进入对面的园林景观庭院，后庭院以水景为空间，配以景观栈桥、休闲长廊等，构建了中国传统园林艺术特色的酒店环境景观设计。

（二）景观小品设计运用

中国传统园林元素酒店将中国传统园林中景观石、荷花池、菱形窗等景观元素与酒店环境景观设计相结合。华雅大酒店利用大面积的庭园绿化空间来突出整体环境景观设计，巧妙安排山石树木塑造景观，使人身心陶醉，满足游客接近大自然的欲望。入口处掩映于青翠的树丛之中，点点翠竹映衬白墙，荷花池内水波粼粼，景观石矗立水中，后庭院依建筑之势设有水池、绿化带、观景平台和回廊，整个院中鸟语声声，树影婆娑，观水赏景，倾心交谈，给人一种亲近自然、自在惬意之感。

综上所述，华雅大酒店的环境景观设计运用了中国传统园林设计手法和景观元素，采用了因山就势的分散式总体布局。景观设计运用中国传统园林元素、环境美景融入环境景观设计的一般原则，打造有中国传统园林艺术特色的酒店环境景观设计空间。在五星级酒店环境景观设计空间的塑造上，采用传统与现代相结合的方法，将中国传统的、具有民族特色的建筑和景观元素加以合理利用和借鉴，从而使酒店环境景观设计走出一条属于自己的独具特色的道路。

总体而言，华雅国际大酒店在景观设计上使用的策略可以简易概况为以下几个方面：第一，地形元素的使用，巧妙地结合现有地形，插入传统中国风元素，提升华雅国际的人文气氛，完善了中国性景观的表达。第二，植物元素，以乡土树种为基础，补种彩叶树种，丰富园林景观色彩。第三，山水元素，圭塘河绕行其间，周边配植不同景观树种，将河道划分为一个个小景区，景色宜人。第四，建筑小品元素，建设了众多颇具情趣的人文小品雕塑，增加了酒店的人文底蕴。

第五节　北京居住区景观绿地设计

在居住区景观中，绿地的范围最广，占地面积最大，绿化效果直接影响居住区的整体绿视率。居住区绿地的主要类型有：公共绿地、专用绿地、道路绿地、宅旁绿地。各类绿地大小不同，服务对象不同，但功能相似。居住区公共绿地的布局形式可分为三种，包括自由式、规则式和混合式。

一、不同绿地的设计要求

（一）居住区公园

居住区公园一般位于居住区组团的中心，为周边居住小区居民服务，是居住区中面积最大的开放空间，拥有大量的绿地空间、游憩设施及活动场地，为人民群众提供了文化、娱乐、休闲的场所，更对城市面貌、环境质量、人民的文化生活起着重要作用，即显著改善人居环境，促进人们之间的交往，引导人们参加各种有益身心的活动。

居住区公园的绿地设计一般采用自由灵活的自然式，因地制宜，空间变化丰富，植物搭配多种多样，可以较好地展现自然景观之美，更能体现人与自然的和谐关系。在空间布局上，应注意点、线、面相结合，营造立体的绿化空间，创造自然别致的环境。

居住区公园在绿化配置上，突出"草铺底、乔遮阴、花藤灌木巧点缀"的绿化特点，最大限度地实现复层绿化结构，发挥最佳生态效益，保证足够的绿量，提升绿视体验。根据不同的场地规模和功能，因地制宜地确定植物的种植方式，如在视野开阔的绿地上孤植树木，与周围宽阔的环境形成强烈对比，欣赏树木的姿态；采用列植植物的方式，可以划分空间，引导游人视线；在活动场地可以利用植物围合成独立的空间，且有隔噪声的作用；在休憩场地中应种植树冠冠幅大、可满足遮阳隔音的树种等。在树种选择上，根据气候、土壤、光照等自然条件选择可以健壮生长的树种，尽量选用乡土树种，做到"适地适树"，注意季节变换，做到四季有绿可观，四季有景可赏。

（二）小游园

小游园是针对居住小区设置、以绿化为主的小型绿地，为小区内居民提供休憩活动的场所，可达性好，一般位于小区中心地带，方便居民前往。小游园在规划布局上，应因地制宜，充分利用自然地形，尽可能与小区公共活动场地或商业服务中心结合起来布置，提供一定面积的活动场地，也应有简单的儿童游戏设施，使居民的游憩和日常生活活动相结合，提高小游园的利用率。

小游园主要是为小区居民设置的，面积小，被包围在住宅之间，风格应与周边住宅建筑相协调。小游园中应有起到休憩观赏作用的花木草坪、花坛水面、雕塑、儿童设施、坐凳、铺装地面等。

园路是小游园的重要组成部分，起到连通活动场地、分隔空间以及居民休闲散步的作用。一般情况下，一级道路宽 3 米左右，二级道路宽 1.5 ～ 2 米，纵坡最小为 3%，超过 0.8% 时应以台阶式布置。园路可随地形变化而起伏，随景观观赏效果的需要而弯曲、转折，可在转弯处设置树丛、建筑小品、雕塑等，以增加沿路的景观趣味。路面可用沥青铺装、可用卵石铺砌，也可铺设彩色地砖，满足不同场地所要营造的景观效果。

小游园广场是提供休息、活动的场地，应设置座椅、花架、雕塑、喷泉等，可适当栽植乔木，以遮阳避晒，还可设置带座椅的树池，丰富场地的装饰效果以及实用效果，为居民休憩、游览提供良好的环境。

（三）组团绿地

组团绿地是直接靠近住宅建筑，结合居住建筑组群布置的绿地。组团绿地的主要作用是为住宅组团内的居民提供沟通交往的活动场地，包括邻里交往、儿童游戏、老人休憩等。组团绿地的布置形式分为开放式、封闭式、半开放式。

开放式：居民可以自由进入绿地内休息活动，不以绿篱或栏杆与周围分隔，实用性较强，是组团绿地中采用较多的形式。

封闭式：以绿篱或栏杆与周围分隔，主要以草坪、花坛为主，具有一定的观赏性，无活动场地，居民不可进入进行活动和游憩，便于养护管理，但使用效果较差。

半开放式：以绿篱或栏杆与周围分隔，留有若干出入口，居民可出入，但绿地中活动场地较少，较多装饰性地带阻止人进入，对绿地维护有一定帮助。常紧临城市街道设置，多为追求街景效果。

大小、形式不同的组团绿地应布置不同的绿化空间，以区分不同组团特征。组团绿地中不宜出现过多园林建筑小品，应以绿化为主，适当布置座椅、简易儿童游戏设施等。

组团绿地的规划设计需注意两个方面：第一，通过考虑人流方向确定绿地出入口的位置，结合周围居住区内部道路系统布置广场及道路。第二，绿地内应该有足够的铺装地面，以方便居民休息活动，也有利于绿地的清洁卫生。一般绿地覆盖率在 50% 以上，游人活动面积率为 50% ～ 60%。为了有较高的绿地覆盖率，并保证活动场地的面积，可采用在铺装地面上留穴栽植乔木的方法。

（四）住宅旁绿地

住宅旁绿地是指位于住宅建筑周围，用于种植绿色植物的、不属于居住区公共绿地的绿化用地，是居住区绿地系统中重要的组成部分。住宅旁绿地是居民出入住宅的必经之处，和居民的日常生活有密切关系，具有实用性和观赏性，是居住区内居民日常休闲和沟通交往的重要场所。

通常情况下，宅旁绿地的特点是所占面积较小，分布范围广泛，以绿化为主，结合绿地可进行儿童嬉戏、邻里交往以及晾晒衣物等各种家务活动，具有浓厚的生活气息，是邻里交往机会最多的场所，可以很大程度地缓解现代封闭住宅楼的隔离感。

宅旁绿地中应该布置不同的绿化形式，用以进行不同的活动内容，如可以对弈、跳舞等活动的场地，应种树冠冠幅较大、叶片密度高的落叶乔木，保证一定的遮阳效果和足够的活动空间；在适合交流、观赏、阅读的场地，应种植树形优美、颜色丰富、花香宜人的植物，为居民提供美丽舒适的景观环境；在儿童活动区，应选择耐踩踏、抗折压、无毒无刺的树木花草为宜；在散步区，植物配置宜采用复层绿化结构的形式，树形优美的乔木搭配色彩丰富的灌木、花草等，提高绿量，有利于人们放松身心。

二、居住区绿地系统的现状

在调查居住区绿视率的过程中发现一些居住区绿地系统现状存在一定问题，如绿地系统不完善，缺少集中的公共绿地、宅旁绿地，许多老旧小区应有的宅旁绿地空间被侵占为临时停车位，视野中的绿色空间减少，绿视率相对较低。

（一）绿地系统不完善

老旧小区普遍绿化率不高。由于建成年代较早、规模较小，老旧小区的绿地系统不完善，一些规模较小的小区缺少公共绿地、宅旁绿地。八角小区和杨庄小区分别建于 1989 年和 1999 年，属于典型的老旧小区，住宅之间缺乏组团绿地，局部列植松柏，形式过于简单；建筑旁缺少住宅旁绿地，住宅直接与小区道路连接，整体绿视率偏低。

（二）绿化水平不高

对于一些绿视率偏低的居住区来说，绿化水平不高是重要原因。由于小区建设年代久远、规划设计标准较低、设计深度不够等客观因素，很多小区存在绿化形式简单、绿化树种单一等不足，造成小区绿视率不高、景观效果不佳。

在一些规模较小的老旧小区中，绿地率不达标也是造成绿视率偏低的主要原因。当前，我国衡量居住区环境质量的重要指标之一是绿地率，它与居住区层数、建筑密度、楼间距等因素密切相关。根据城市居住区规划设计规范，新区建设绿地率不应低于30%，旧区改建绿地率不宜低于25%。

杨庄小区、定慧西里等老旧小区的硬质铺装面积大于绿地面积，绿地率不达标，不足以保证绿地的生态功能和景观功能。在这些小区绿地中，绿化形式多为孤植、点植乔木，较少见乔、灌、草的植物配置形式，地被植物缺失，未形成完整的绿化结构，植物配置层次单一，绿视率较低，景观视觉体验较差。

三、居住区绿地的设计

居住用地内的各种绿地应在居住区规划中按照有关规定进行配套，并在居住区详细规划指导下进行规划设计。居住区规划确定的绿化用地应当作为永久性绿地进行建设，布局合理，方便居民使用。笔者针对调查所发现的问题，提出基于绿视率理论的居住区绿地设计策略。

（一）垂直绿化

垂直绿化是利用攀缘植物向空中生长进行纵向绿化的一种方式。对于居住区景观设计来说，垂直绿化可以应用于小区围墙、无窗一侧的住宅山墙、景亭廊架等。这种垂直绿化方式丰富和补充了构筑物的立面效果，使硬质景观转化为具有生命力和亲切感的软质景观，立体地扩大了绿色空间范围，有效地增加了绿量，提高了绿视率。

垂直绿化的设计要点如下：第一，增加垂直绿化、屋顶绿化的量，在围墙、花架等处尽可能种植攀援植物；第二，使用树冠冠幅大、叶面积指数高的植物，提高绿量；第三，增加植物的层次感，尽可能多地利用地被植物、花灌木，丰富配置效果；第四，景墙、景亭等处应设计成具有良好通透性的景观，使更多绿色可以透出，视线不被阻挡。

（二）阳台绿化

阳台是建筑物室内的延伸，也是室内空间与外部空间的过渡。由于用地范围有限，北京出现了越来越多的高密度居住区，生活在这些高密度居住区中，阳台成为可以增加绿色空间的重要部分。笔者在调研过程中发现，北京地区的阳台绿化并不盛行，而在英国、日本、俄罗斯、瑞士等园林业发达的国家已经非常普遍。我国的南方城市，如重庆、广州等地，阳台绿化也较为常见，有很多居民在自己阳台上摆放绿植、花草等，其空中景观是整个居住区一道亮丽的风景。

阳台绿化虽然是居民的个人行为，但由于阳台的公开性，阳台绿化也就成为重要的公共景观。如果对其进行适当的规范和管理，那么就不仅是一家一户得到了绿色，而是整个小区的绿量大大提高，绿色空间也由地面向空中扩展，绿化层次更为丰富，绿视率也会相应得到提高。

阳台绿化的植物选择要注意三个特点：第一，要选择抗旱性强、管理粗放、水平根系发达的浅根性植物以及一些中小型草本攀缘植物或花木。第二，要根据建筑墙面和周围环境相协调的原则布置阳台。除攀缘植物外，还可选择居住者喜爱的各种花木。第三，适于阳台栽植的植物材料有地锦、爬蔓月季、十姐妹、金银花等木本植物，牵牛花、丝瓜等草本植物，鸢萝、牵牛花等耐瘠薄的植物。

（三）人性化设计

居住区景观的主要服务对象为所有居民，设计师在进行居住区绿地设计时，应结合居民实际生活需求，进行有针对性的规划设计。针对可能会出现的机动车侵占绿地的情况，在进行居住区绿地设计时，应合理规划地下停车场，在不破坏绿地的情况下满足日益增长的停车需求。对地面停车场可采用多种形式的嵌草铺装代替硬质铺装。

设计师在进行绿地设计时，应注意从使用者的角度出发，全面考虑可能出现的各种情况，以满足不同居民的实际使用需求。针对部分宅旁绿地被改为菜园的实际情况，适当设计可供居民种植花草、蔬菜的专属绿地，这样既能阻止擅自挪用绿地的情况发生，又能为居住区增添不同的趣味，增加绿量，提高绿视率。

四、居住区绿地的植物配置

居住区绿地的植物配置是构成居住区绿地景观的核心。植物配植应该尽可能地体现不同园林植物的季相美，乔—灌—花—草相结合，能够在不同季节展现不同的景观特色。在植物配置设计中，植物的种植密度直接影响绿视率的高低。

（一）植物配置类型

植物配置模式是绿化的主题，也是绿地设计的主角。丰富合理的植物配置模式不仅可以改善绿地景观的效果，还可以立体、有效地提高绿量，从而提高绿视率。在居住区景观设计中，植物配置模式按种植形式可以分为规则式与自然式；按种植密度可以分为密林式、疏林式、草坪式三种。不同的植物配置模式会营造不同的景观效果。

密林式（乔—灌—草）是指道路两侧有浓密的树林，以常绿乔木为主，再结合花灌木、地被等，竖向层次丰富，具有亭亭如盖、郁郁葱葱的景观效果。密林式种植方式围合起来的道路空间通常有较为明确的方向性。

疏林式（乔—灌）是以一定的乔木搭配大量灌木，形成疏林灌木式种植。疏林灌木式种植是以一定的乔木搭配大量灌木，形成高低错落、变化丰富的林冠线，适当阻挡视线，达到曲径通幽的效果，如开花乔木与常绿灌木、常绿树与花灌木、常绿树与落叶灌木等搭配可创造不同的环境氛围。

草坪式（乔—草），随着草坪的应用越发广泛，很多道路绿地都被设置成草坪式种植，衬托主景。草坪式种植以大片草地为特征，配合少量姿态优美的大型乔木，形成韵味的空间感受。

植物配置形成的层次效果对景观质量有着重大影响，乔—灌—草交错组成的绿化结构层次丰富，绿视率高，可以获得较好的视绿感受。基于这一结论，在进行植物配置设计时，应注意将不同高度的乔木、灌木和地被植物进行分层搭配，同时巧妙运用有色树种进行配置，使之形成色彩丰富的立体景观，以提高绿视率的水平，从而提升居住区的景观效果。

（二）绿化植物的选择

植物的选择对居住区绿地所呈现出的景观效果至关重要，不同的植物种类搭配形成的绿视率有显著差异，故在绿地设计时，应注意选择合适的植物种类，既要满足绿化的生态要求，又满足良好的绿视体验。

居住区的植物选择最好是乡土树种，根据当地气候、环境、日照等条件，选择合适的绿化树种，以保证植物的生长寿命，同时适当采用叶色丰富的树种，以丰富色彩的变化获得理想的绿化效果。

居住区绿化应该点、线、面结合，保持绿化空间的连续性，使景色不断、绿视体验连贯。在植物的种植设计中，应形成高低起伏的"林冠线"，采用不同高度的树木进行配置，并用具有色彩的树种进行配置，如月季、紫薇、红叶李、银杏等，形成丰富的绿化变化以及立体的、丰满的居住区景观，从而提升居住区的景观绿视率。

参考文献

[1] 李丽，刘朝晖.园林景观设计手绘技法 [M].北京：机械工业出版社，2011.

[2] 廖建军.园林景观设计基础（第二版）[M].长沙：湖南大学出版社，2011.

[3] 秦嘉远.手绘——园林景观设计表现的观念与技巧 [M].南京：东南大学出版社，2012.

[4] 程双红.色彩在园林景观设计中的应用 [J].中国园艺文摘，2012，28（03）：107-109.

[5] 赵鑫.西方现代绘画对园林景观设计的影响 [D].长沙：中南林业科技大学，2012.

[6] 程双红.浅析园林景观设计中的立意 [J].广东园林，2013，35（02）：26-30.

[7] 周杰.和而不同——中西园林景观设计思想的解析 [D].南京：南京工业大学，2013.

[8] 李爽.生态园林景观设计中的植物配置分析 [J].科技创新与应用，2014（15）：129.

[9] 张薇.园林景观欣赏 [J].花木盆景（花卉园艺），2014（10）：66.

[10] 张婷.环境美学视域下的龙门阁景区景观设计研究 [D].西安：西北大学，2014.

[11] 肖蕾.试析现代城市园林景观设计现状及发展趋势思考 [J].江西建材，2016（10）：40，43.

[12] 凌敏.浅析声景观在居住区园林设计中的应用 [D].广州：华南农业大学，2016.

[13] 方萌.观赏草在景观设计中的应用研究 [D].西安：长安大学，2017.

[14] 黄光明.视觉元素在园林景观设计中的运用探讨 [J].现代园艺，2018（07）：82-83.